KB043934

서윤맘의 밥태기 없는
아이주도 유아식

보기 좋아 손이 가고 맛있어서 다 먹는 완밥 레시피

서윤맘의

Seoyoon MOM's Recipe

밥태기 없는 아이주도 유아식

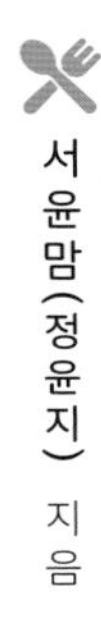

서윤맘(정윤지) 지음

엄마와 아이가 같이 먹는 어른식 양념 팁이 수록돼 있어요!

쫓아다니며 먹이는 식사 시간은 이제 그만!

10만 팔로워 인증

떠먹이지 않아도 혼자서 잘 먹는 175개 요리 공개

21세기북스

Seoyoon Mom's Recipe

PROLOGUE

엄마도, 아이도 함께 즐거운 식사 시간을 위하여

"우리 아이에게 밥태기가 온 듯해요. 무엇을 만들어줘도 도통 먹지를 않아요."

아이를 키우는 부모라면 꼭 한 번은 거치는 시기가 있습니다. 바로 아이가 모든 음식을 먹지 않으려고 하는 '밥태기'인데요. '밥'과 '권태기'를 더해 만든 이 말이 거의 모든 부모가 사용하는 관용어가 될 만큼 누구나 공감하는 어려움일 거예요. 언젠가는 지나갈 것을 알고 있지만, 당장 아이가 밥을 먹지 않으니 부모는 속이 탈 수밖에 없지요.

저희 서윤이 역시 그런 시기가 있었어요. 식사하는 일 자체에 흥미가 떨어져 식사 시간 때마다 서윤이에게 밥을 먹이기 위해 애를 먹곤 했죠. 그래서 어떻게 해야 아이가 밥을 잘 먹을 수 있을지 매일 매일 연구했답니다. 아이가 잘 먹는 식재료가 무엇인지 꼼꼼히 살펴보기도 하고, 같은 식재료도 다양한 방법으로 조리해서 먹여보기도 했어요. 눈에 보이는 것도 중요하기 때문에 서윤이의 흥미를 끌 수 있도록 예쁘고 귀여운 플레이팅에도 신경을 썼답니다. 요리 과정에 아이를 참여시켜 식사 시간이 재밌는 경험이 될 수 있도록 만들기도 했어요.

서윤이를 위해 이런저런 시도를 하다 보니, 저만의 밥태기 극복 레시피가 쌓여 가는 걸 느낄 수 있었어요.

밥을 맛있게 먹는 서윤이의 모습을 보고 레시피를 공개해달라는 요청도 많았습니다. 그렇게 공개한 이 레시피로 다른 아이들도 밥을 맛있게 먹었다는 후기가 쏟아지는 걸 보고, 더 많은 사람과 이 레시피를 함께 나누어야겠다는 생각이 들었어요.

사랑으로 만들어진 밥태기 극복 레시피

『서윤맘의 밥태기 없는 아이주도 유아식』은 서윤이를 향한 사랑에서 시작된 책입니다. 결혼 후 4년 차에 우리 부부를 찾아온 서윤이는 눈에 넣어도 안 아플 만큼 참 예뻤습니다. 결혼 2년 차부터 임신을 준비했지만, 난임이라는 생각지도 못한 벽을 만났거든요. 어려운 과정을 이겨내고 만난 아이라 더욱더 사랑스럽게 느껴졌지요. 간절히 기다렸기 때문일까요? 서윤이를 키우면서 생전 느껴보지 못한 묘한 감정도 느꼈습니다. 이런 게 바로 사랑이구나 싶었어요.

서윤이가 하루하루 자라는 모습을 놓칠세라, 서윤이의 모습을 기록하는 SNS 계정을 만들기로 했습니다. 그렇게 '밥먹으러왔서윤' 계정은 서윤이와 함께 쑥쑥 성장해나갔습니다. 그러던 어느 날, 우연찮게 제가 올린 서윤이의 식단 사진에 '좋아요'가 막 늘어나기 시작하는 거예요. 이게 무슨 일이야! 자고 일어나면 팔로워가 1,000명씩 늘더니 어느새 1만 명에 이르렀습니다. 처음에는 갑작스러운 관심에 당황스럽고 부담이 되기도 했지만, "밥 잘 먹는 서윤이의 모습이 예쁘다"는 반응에 기분 좋은 용기를 얻었습니다. 그렇게 유아식 식단 기록을 시작했고, 지금까지도 내 아이를 비롯한 모든 아이가 잘 먹을 수 있는 레시피를 연구하고 있습니다.

제가 팔로워 분들께 받은 메시지 중 가장 기분 좋았던 것은 "서윤맘 레시피로 밥을 만들어줬더니 우리 아이도 완밥했어요"라는 말입니다. 예상보다 더 많은 부모가 아이들의 밥태기 때문에 걱정하고 고민하고

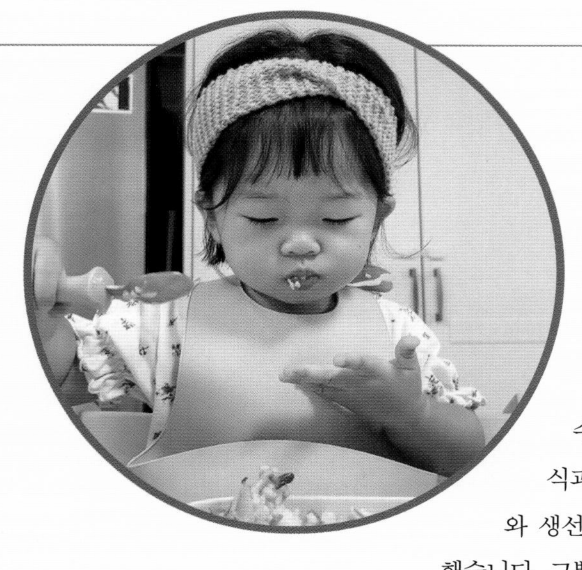

있더라고요. 그런 고민을 최대한 덜어드리고자 저의 노하우를 담은 레시피 책을 내놓게 되었습니다.

요리가 어려운 초보 맘들도 부담 없이 시작할 수 있도록 도와주는 유아식 스타트 메뉴부터 유동식과 간편식, 한 그릇 밥 요리, 국물 요리, 반찬, 고기와 생선 요리, 그리고 특별식까지 다양한 레시피를 정리했습니다. 그뿐만 아니라 아이주도 유아식을 시작하기 전에 알아야 할 알짜배기 정보와 함께 식재료와 식품 고르는 팁이나 육수, 소스 레시피까지 담았어요.

우리 아이들의 성장에는 음식의 맛과 영양만큼이나 요리를 만들어 준 엄마의 표정과 식탁 위의 분위기도 중요하다고 생각합니다. 저의 레시피가 많은 부모가 가지고 있는 요리에 대한 두려움과 메뉴에 대한 걱정을 덜어낼 수 있는 고민 해결사 같은 책이 되기를 바랍니다. 따뜻한 미소와 맛있는 음식이 있는 즐거운 식사 시간을 선물할 수 있기를 진심으로 응원합니다.

서윤맘 정윤지

CONTENTS

PART 1.
유아식 시작하기

1장
유아식을 시작하기 전에
Before Start

2장
유아식 기본 가이드
Basic Guide

PART 2.

실전! 유아식 레시피

1장 유아식 START 메뉴 11

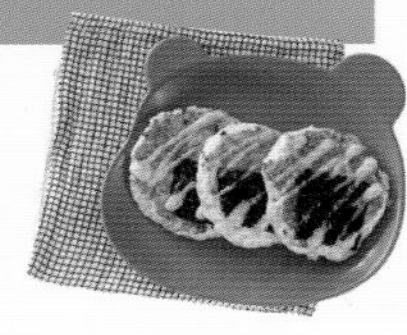

2장 유동식 & 간편식

3장 한 그릇 밥 요리

4장
든든한 국물 요리

5장
맛있는 반찬

6장 고기 & 생선 요리

7장 특별식

PART 1.

유아식 시작하기

1장
유아식을 시작하기 전에

Before Start

Before start

스스로 선택하고 결정하는 아이주도 유아식

아이주도 유아식이란 부모가 수저로 떠먹이지 않고 부모의 직접적인 도움 없이 아이 스스로 음식과 양을 선택하고 결정해서 자신의 속도에 맞춰 아이가 주도하여 식사하는 것을 말합니다. 이를 BLW라고도 부릅니다.

BLW는 Baby-led weaning의 첫 글자를 따서 만들어진 단어입니다. 본래 weaning이라는 단어는 '어린이에게서 모유를 끊고 다른 음식물로 영양을 공급하는 것'을 의미합니다. 즉 '단유'라는 의미와도 같아서 이후에 '아이의 주도로 먹는다'는 의미의 Baby-led feeding이라는 단어가 파생되기도 했습니다. 그러나 아직까지 많은 이에게 자기주도 이유식의 weaning이라는 의미로 해석되고, 각종 번역 프로그램에서도 더 이상 '단유'가 아닌 '이유식'이라는 의미로 해석되고 있습니다.

본래의 정통 BLW는 이유식을 하는 생후 5~6개월 시기부터 재료를 갈고 체에 걸러서 걸쭉하게 만든 미음이나 퓌레purée 형태의 음식을 생략하고, 아이가 스스로 집어 먹을 수 있는 핑거 푸드나 고형식을 제공하는 것입니다. 예를 들면 야채를 스틱 형태로 잘라 찌거나 굽는 방식으로 조리하여 식판에 담아 제공하고, 아이가 자유롭게 탐색하며 먹는 방식이죠.

2000년대 초반 영국 등 유럽 일부 국가를 중심으로 시작된 BLW는 우리나라에서는 소수의 부모만이 시도하던 이유식 방식이었습니다. 1~2년 전까지만 해도 대다수는 전통적인 방식이라 할 수 있는 스푼 피딩Spoon-feeding, 즉 미음이나 걸쭉한 퓌레 형태의 음식을 부모가 숟가락으로 떠먹이는 방식으로 이유식을 시작했죠. 사실 지금까지도 스푼 피딩으로 식사하는 아이들이 더 많습니다. 아마도 질식의 위험 등 아이의 안전과 관련한 우려와 아이주도 이유식에 관한 정확한 정보를 접하지 못했기 때문이라고 생각합니다.

해외에서는 이미 많은 아이가 미음이나 퓌레 형태의 이유식을 섭취하지 않고 곧바로 고형식으로 아이주도 식사를 하고 있습니다. 요즘은 유튜브나 SNS 매체를 통해서 외국의 아이가 고형식을 먹는 모습을 본 적이 있을 거예요. 하지만 우리나라에서는 아직까지 많은 분이 "어린 아기가 고형식을 잘 씹어 삼킬 수 있을까?", "음식이 목에 걸리진 않을까?" 하고 질식의 위험을 걱정해서 선뜻 따라 하기 어려워합니다.

이런 분들에게는 꼭 전통 방식을 따르지 않고도 충분히 절충해서 아이주도 이유식을 진행할 수 있다고 말씀드리고 싶어요. 아이의 성향에 맞게 또는 양육 방식에 맞게 양육자와 아이가 맞추고 절충해가며 내 아이에게 맞는 아이주도 이유식을 하는 것이에요. 예를 들어 이유식 초기나 중기 단계에서는 미음이나 죽 형태의 음식을 스푼 피딩의 방법으로 식사하고, 서서히 아이가 고형식에 적응되도록 한 후 아이주도로 넘어가는 방법이죠.

아이주도 이유식의 장점들은 돌 전후의 아이들이 시작해도 충분히 얻을 수 있거든요. 또 하나의 방법은 초기 이유식을 시작하는 단계에서부터 미음이나 퓌레 형태의 음식을 스푼 피딩이 아닌 셀프 피딩Self-feeding으로 시작하는 방법도 있습니다. 즉, 고체 형태의 음식이 아닌 미음이나 퓌레 형태의 음식을, 부모가 떠먹여주는 것이 아닌 아기가 직접 떠먹을 수 있도록 제공하는 것으로 스푼 피딩과 셀프 피딩의 중간점을 찾는 방법이에요.

아이의 선택을 믿으세요

이렇듯 아이주도 이유식이라는 본래 개념을 정확하게 따르기보단 육아 환경이나 양육 방식에 따라서 혹은 아이의 성향에 따라서 조금씩 변화를 주는 방법으로 시도해봐도 좋습니다. 형태보다 더욱 중요한 것은 아이가 건강하고 올바른 식습관을 형성하는 과정입니다. 이를 위해 부모가 충분히 공부하고 정확한 정보를 토대로 결정하며 이후에는 일관적인 태도로 진행하는 것이 제일 좋겠지요.

사실 외국에서 처음으로 생겨난 식사 방식은 아이주도 '이유식'입니다. 하지만 우리나라에서는 죽 형태를 먹이는 이유식 단계에서 바로 아이주도를 하기란 쉽지 않았지요. 그래서 죽 이유식을 초기부터 후기까지 완료한 후 유아식부터 아이주도를 시작하는 경우가 많았어요. 저 또한 그랬고요. 그래서 요즘 부모들 사이에서 아이주도 이유식이 아니라 아이주도 '유아식'이라는 단어를 많이 사용하고 있습니다. 이 책에서도 이유식에서 유아식으로 넘어가는 단계인 스타트start 메뉴부터 시작해서 실전 유아식까지 다루고 있답니다.

서윤맘은 서윤이가 생후 6개월쯤 미음 형태의 이유식을 스푼 피딩으로 시작했고, 10개월쯤부터 매일 하루 한 번 간식 개념으로 고형식을 제공했어요. 그리고 2주 정도의 적응 기간을 가진 다음 고형식으로 넘어가 아이주도 유아식을 시작할 수 있게 해주었어요. 이때는 죽 형태의 이유식에서도 어느 정도 입자가 있는 죽을 섭취하고 있었으므로 아이도 고형식에 비교적 빠르게 적응할 수 있었어요.

아이주도 유아식을 시작하면 아이도 새로운 음식의 다양한 질감이나 형태에 적응해야겠지만, 부모인 저에게도 적응 기간이 필요했습니다. 아이주도 유아식은 온전히 아이의 선택을 믿고 이해해주며 주도적인 식사를 할 수 있도록 지원하는 부모의 역할이 가장 중요하기 때문이에요.

아이주도 유아식을 처음 시작할 때는 부모의 생각처럼 잘 흘러가지 않습니다. 음식으로 촉감놀이 정도만 하다 끝날 수도 있고, 식사하는 주변이 엉망진창이 될 수도 있으며, 아주 적은 양의 식사만 하고 끝날 수도 있습니다. 그 모습을 지켜보는 대부분의 부모는 그냥 깔끔히 떠먹이고 싶은 마음과 장난만 치고 있는 손을 제지하고 싶은 마음, 더러워진 옷과 손을 닦아주고 싶은 마음 등 여러 가지 난관에 부딪히게 됩니다.

그래서 저는 아이도 부모도 부담 없이 시작할 수 있도록 하루 한 번 간식으로 시도하게 되었습니다. 간식은 많이 먹어도 그만 안 먹어도 그만이니 부모는 비교적 걱정 없이 시작하고, 아이 또한 재미난 놀이처럼 고형식에 적응할 수 있게 되죠.

아이가 혼자서 하는 식사 시간은 즐겁습니다. 즐거워야 하고요. 아이가 눈으로 보며 관찰하고, 손과 입으로 음식의 질감을 탐구하며 즐거운 시간을 보내는 그 시간을 부모도 함께 즐기는 마음으로 봐주세요. 아이는 아직 1~2살밖에 되지 않았고 언젠간 스스로 잘 먹게 될 날이 분명 올 테니, 이 또한 건강한 아이로 성장하는 과정이니까요.

Before Start

아이주도 유아식, 왜 좋은가요?

아이주도 유아식은 아이의 시각, 촉각, 후각을 활용한 자율적인 탐색을 도와줍니다. 또한 무엇을 먹을지, 얼마나 먹을지를 스스로 결정하고 자신만의 속도에 맞게 식사할 수 있게 됩니다. 이 외에도 아이주도 유아식에서 얻을 수 있는 장점은 다양합니다.

1 식사 시간이 즐거워요.

아이주도 유아식을 하며 아이는 다양한 음식에 대해 배우고 탐색해요. 음식의 생김새, 맛, 식감과 질감뿐만 아니라 두 가지 재료를 함께 먹으면 어떤 맛이 나는지 등을 배울 수 있습니다. 이런 경험이 아이에겐 매번 새롭고 즐거울 거예요. 대부분 이유식을 시작하는 시기부터 아이는 스스로 주도하려는 성향을 나타냅니다. 밥 먹는 일 외에도 뭐든 아이 스스로 경험해보고 싶은 욕구가 생기고, 자신이 그것을 해냈다는 기쁨이 반복되면서 자연스럽게 주도성을 키우게 됩니다.

2 자존감이 높아집니다.

아이주도 유아식을 통해 아이가 다양한 식재료를 섭취하는 방법을 터득하면서 스스로 해냈다는 성취감을 느낄 수 있습니다. 또 다양한 음식을 섭취하고 경험하면서 먹을 수 있는 음식과 먹을 수 없는 음식을 결정하는 등 자신의 판단을 신뢰하는 법을 배웁니다. 이러한 경험을 통해 아이가 느끼는 성취감과 즐거움은 자연스럽게 아이의 자존감을 높여줍니다. 아이가 능동적으로 참여하며 본인이 무엇을 먹을지, 얼마나 먹을지를 스스로 정하고 시작하는 식사는 매우 즐거운 경험입니다. 아이가 스스로 경험하고 터득할 수 있도록 부모가 더 많은 기회를 마련해주고 격려하며 기다려줘야 되겠지요.

3
비만, 과식과 같은 섭식 문제의 발생 가능성이 낮아집니다.

아이주도 유아식을 한 아이들은 자기가 주체가 되어 식사하기 때문에 먹는 양을 조절할 수 있습니다. 또한 포만감을 더 잘 인식할 수 있어 배가 부르면 스스로 식사를 중단할 수 있습니다. 이런 경험이 반복되면 아이는 당장 눈앞에 보이는 음식에 반응하는 것이 아니라 배고픔을 느껴서 음식을 먹을 수 있게 됩니다. 음식에 덜 반응하거나 포만감을 느낄 줄 아는 것은 아동비만의 발생 가능성을 낮추는 것과 관련이 있다고 합니다. 즉 아이가 외부 요인에 휘둘리기보다 스스로의 식욕을 바탕으로 한 건강한 식습관을 갖도록 도와줄 수 있어요.

4
눈과 손, 입의 협응 능력이 매우 좋아집니다.

음식을 눈으로 보고 손으로 집으며 입으로 먹는 과정을 통해 영유아기에 중요한 발달 양상을 연습할 수 있습니다. 음식을 집고 입으로 가져가는 과정을 통해, 눈과 손이 서로 호응하며 조화롭게 움직일 수 있는 능력인 협응력을 발달시킬 수 있어요. 손으로 음식을 집고 만지면서 다양한 질감과 촉감을 느끼고 손 조작 능력이 향상되기도 합니다. 예를 들면 미끄러운 식재료를 떨어뜨리지 않고 집을 수 있는 방법을 터득하면서 말이죠.

5
부모와 함께 식사할 수 있어요.

아이가 밥을 먹는 시간에 부모도 함께 식사할 수 있기 때문에 아이는 가족 구성원으로 식사 시간에 참여하는 소속감을 느끼게 되며 그런 경험들은 아이에게 긍정적인 효과를 가져옵니다. 부모에게 올바른 식습관과 먹는 즐거움을 배우기도 하고, 바르게 앉아서 먹는 모습 등 가족의 식문화를 자연스럽게 배울 수 있게 됩니다. 또 조금 더 성장하면 부모와 비슷한 음식을 먹으며 식재료에 대한 이야기를 자연스럽게 나눌 수도 있습니다. 식사 시간에만 할 수 있는 가족 간의 상호작용은 아이의 정서에 좋은 영향을 끼치기도 합니다.

서윤맘도 어릴 적 부모와 함께 식탁에 앉아 식사했던 기억은 아직까지도 선명하게 떠올라요. 식사 시간의 분위기, 식탁에 자주 올라왔던 반찬, 맛있었던 음식까지도요! 그 기억은 제게 성인이 되어서까지도 좋은 영향을 끼친게 분명합니다. 어릴 때부터 가족이 다 함께하는 식사 습관을 들이면 평생 지속될 수 있습니다. 이유기에는 아이주도 이유식만을 위해서가 아니라, 정서적 발달을 위해 아이와 함께하는 식사 시간을 적어도 하루 한 번씩은 꼭 가져보시라고 말씀드리고 싶어요.

부모의 역할이 더 중요해요

아이주도 유아식은 아이가 주체가 되어 식사하는 것이지만, 이때 부모의 역할이 더 중요합니다. 음식을 선택해 먹는 것은 아이의 몫이지만 영양소를 골고루 배합해 제공하는 것은 부모의 몫이지요. 또 부모는 아이가 안전하게 먹을 수 있도록 최소한의 도움만으로 옆에서 지켜봐주고, 아이와 함께 식사하며 올바른 식습관을 배울 수 있도록 해줘야 합니다.

무엇보다 즐거운 식사 시간이 될 수 있도록 하는 것도 부모의 역할입니다. 아이는 알아듣지 못하고 말할 수 없어도 어른의 표정이나 제스처, 말투만으로도 분위기를 파악할 수 있습니다. 한숨을 쉰다거나, 위험하지 않은 아이의 행동을 지나치게 제지한다거나, 짜증을 낸다면 아이에게 식사 시간은 더 이상 즐거운 시간이 될 수 없습니다.

식사하는 동안에 아이가 하는 행동을 어른의 시각으로 이해하려 하지 말고, 아이의 선택을 존중하며 응원하는 것이 아이주도 유아식의 첫걸음이라고 할 수 있습니다. 아이는 세상에 나와 한 걸음 한 걸음 본인의 속도에 맞춰 배워가고 터득하며 자라납니다. 배우고 터득할 수 있는 기회를 부모가 충분히 주며, 아이가 혼자서 잘할 수 있다는 믿음을 가지고 응원하는 마음으로 도와준다면 아이들은 분명히 해낼 수 있습니다. 서투르고 실수하더라도 응원해주세요. 아이가 하는 선택을 존중해주세요.

Before Start

아이주도 유아식의 이상과 현실

태어날 때부터 먹성 좋게 태어나 혼자서도 거부 없이 잘 먹어준다면 조금은 다를 수 있겠지만, 사실 현실적으로 책에서 말하는 것처럼 이상적인 후기는 아마도 몇 없을 거예요. 아이주도 유아식을 처음 시작하는 아이들은 음식을 손으로 잡는 일조차 어려운 일일 수 있습니다. 그 음식을 입으로 가져가는 일은 자연스럽지 않고 무척이나 어려운 일이죠.

처음 접하는 여러 형태의 식감이나 질감을 흥미로워하는 아이들이 있는 반면에 입 안에 들어온 고형식을 어색해하거나 싫어하는 아이들이 있기도 하고요. 후자인 경우엔 입자를 천천히 키워주는 것도 방법입니다. 어린이용 보조의자인 하이체어high chair에 가만히 앉아 있는 시간을 못 견디는 아이들도 있어요. 여러 가지 이유로 부모에게도 아이에게도 식사 시간이 힘들어질 수 있습니다.

이유식, 유아식을 시작하게 되면 무엇보다 내 아이에게 새롭고 다양한 음식을 먹일 수 있다는 생각에 설레고 즐거울 거예요. 내 아이가 잘 먹어줄 거라는 기대감도 분명히 있을 테고요. 자리에 바르게 앉아서 스스로 잘 먹길 바라고, 좀 덜 흘리고 먹기를 바라는 마음도 있을 거예요. 현실은 흘리는 게 반 이상입니다. 촉감놀이가 대부분이니 실제 먹는 양은 적을 수밖에 없고 한 번 식사 시간이 끝나고 나면 치워야 할 것들은 얼마나 많은지요.

이렇게 반복되다 보면 이 힘듦이 끝나지 않을 것만 같고 아이는 도무지 '잘' 먹을 생각이 없어 보이기도 하거든요. 저도 그랬으니까요. 서윤이가 아이주도 유아식을 시작하기 전 아이주도 유아식에 관해 공부를 많이 했어요. 준비를 열심히 한 다음에 본격적으로 시작하면서, 아이가 스스로 '많이', '잘' 먹을 것이라는 기대감은 버렸음에도 불구하고 다양한 난관에 부딪히게 되었어요. '과연 이대로 진행해도 괜찮은가?'를 많이 고민하기도 했답니다.

또 이전엔 이해했던 아이의 행동임에도, 시간이 지남에 따라 아이에게 바라는 일도 조금씩 생깁니다. 예를 들면 한 입만 더 먹어주면 좋겠다, 골고루 잘 먹어주면 좋겠다는 마음이 한구석에서 자라나죠. 신기하게도 말하지 않아도 아이는 부모의 표정이나 분위기로도 심상치 않음을 느낍니다. 아이들은 기본적으로 청개구리 기질이 있기 때문에 부모가 간절하게 "더 먹어주면 좋겠다", "장난치지 않았으면 좋겠다" 하는 마음을 느끼고 반대로만 하려고 한답니다. 귀엽기도 하고 웃기죠. 그럼 아이도 부모도 더 힘들어질 거예요.

너무 큰 기대는 내려놓으세요

이렇게 한 번씩 깊은 고민에 빠질 때면 아이에게서 방법을 찾으려 하지 말고 '나'를 되돌아보셨으면 좋겠어요. 내 의지가 내가 처음 생각했던 방향으로 잘 나아가고 있는지를요. 아이가 아닌 내 마음이 시작하던 때의 마음 그대로가 아닐 수도 있어요. 초심을 잃지 않고 아이에 대한 믿음을 가지고 진행하라고 말씀드리고 싶어요.

아이는 말로 이야기하지 않아도 분명히 다른 방식으로 원하는 무언가를, 또는 싫어하는 무언가를 나타내고 있답니다. 부모가 옆에서 세심하게 바라보고 불편한 것이 무엇인지를 알고 도와줄 수 있도록 한다면 식사 시간을 즐겁게 이어 나갈 수 있을 거예요.

처음부터 열정적으로 시작하는 아이도 있고, 거부하거나 짜증을 내고 우는 아이도 분명히 있습니다. 부모가 바라는 대로 아이가 따라와주리라는 기대감은 내려놓고 아이가 주도하도록 도와주세요.

손으로 음식을 쥐고, 입으로 가져가며, 잘 씹고, 삼키는 것처럼 새로운 기술을 배우는 일은 누구나 시간이 걸립니다. 아이들은 그 과정에서 많은 에너지를 사용합니다. 잘 해내다가도 싫증을 내거나 짜증을 내고 거부할 수도 있어요. 그래도 내 아이는 본인 나름대로 많은 노력을 하는 중이라고 생각해주세요. 응원해주세요. 그런 와중에도 아이는 스스로 방법을 터득하고 극복하고 있을 테니 말이에요.

Before Start

엄마와 아이가 같은 음식을 먹을 수 있을까?

책에 담긴 대부분의 레시피는 부모와 아이가 함께 먹을 수 있는 음식입니다. 서윤맘이 아이주도 유아식을 하면서 중요하게 생각하고 좋았던 점을 꼽자면 부모와 아이가 한 식탁에 앉아 함께 식사할 수 있다는 것이었어요. 생각해보면 식탁에서 함께 식사하는 순간만큼 마주보고 이야기를 나누며 교감할 수 있는 시간은 흔하지 않으니까요.

아이는 식탁에 앉아 부모와 함께 밥을 먹는 시간 동안 많은 것을 터득하고 배우게 됩니다. 어른이 숟가락질, 젓가락질을 하는 모습이나 음식을 꼭꼭 씹어 먹는 모습, 바르게 앉아 밥을 먹고 식사가 끝나기 전까진 자리에서 일어나지 않는 모습 등을 보고 부모에게서 많은 영향을 받고 좋은 식습관을 배우기도 하지요.

요즘은 맞벌이 부부인 가족 형태도 흔해져서 아이가 태어나기 전까진 각자 바깥에서 일을 하며 끼니를 해결하고 오는 가정도 많아졌어요. 일주일 한두 번 정도 함께 식사를 하면 자주 하는 것이지요. 겨우 한두 번 정도 식사를 차려먹으려고 매번 번거롭게 장을 보기도 어려우니, 집에서도 배달 음식으로 끼니를 해결하거나 외식을 하는 경우도 많아요. 그러다 아이가 태어나면 달라지겠지요.

사실 아이에게 먹일 음식을 직접 만들면서 동시에 어른 음식까지 따로 만드는 건 너무나도 힘든 일이에요. 두세 사람 몫의 음식을 국 따로 밥 따로 반찬 따로 요리하는 것이 결코 쉬운 일이 아니죠. 특히 육아와 일을 함께 하는 워킹맘들에겐 더욱이나 힘든 일이에요.

아이도, 엄마도 맛있게 먹을 수 있는 레시피

이런 부분에서 어려움을 겪고 있을 수많은 엄마들을 위해 제가 실제로 서윤이와 같은 음식을 조리해서 먹었던 경험을 바탕으로, 어른도 함께 맛있게 먹을 수 있는 다양한 레시피와 양념만 추가해 어른식으로 대체할 수 있는 팁을 알려드릴게요. 이 책에는 '아이도, 엄마도 맛있게 먹을 수 있는 레시피'를 담았습니다. 아이가 먹는 음식에 한두 가지의 양념만 더해도 어른 역시 충분히 맛있게 먹을 수 있습니다. 인스타그램에서 공유했던 레시피들의 후기 대부분이 "엄마인 제가 먹어도 맛있는 레시피예요!", "저희 가족 모두가 잘 먹는 레시피입니다" 등의 긍정적인 피드백이 많았어요.

어른과 아이가 함께 먹을 수 있을 정도의 양으로 요리를 한 뒤 먼저 아이가 먹을 음식을 덜고, 추가적인 양념을 더해 어른 입맛에도 맞게 간을 맞추어요. 아이와 함께 식탁에 앉아 밥을 먹을 때 여러 면에서 좋은 영향을 줄 수 있는 것처럼 아이에겐 부모와 '같은 음식'을 먹는다는 것 또한 좋은 영향을 줄 수 있습니다. 예를 들면 함께 먹는 음식의 식재료에 대해 이야기를 재미나게 나누어도 좋겠지요. "엄마는 이 음식에서 당근을 제일 좋아해. 서윤이는 뭐가 제일 좋아?"처럼 말이죠. 자연스럽게 음식에 대한 흥미를 높여 즐겁게 식사를 할 수 있고, 또 '내가 먹는 이 음식을 엄마 아빠가 너무 맛있게 먹고 있네? 맛있는 음식인가 보다' 하고 새로운 음식에 대한 경계심을 없애줄 수도 있습니다.

아이주도 유아식 Q&A

Q
아이주도 유아식은 언제 시작하면 좋을까요?

A

아이주도 유아식을 시작하는 시기는 정확하게 정해진 것이 없습니다. 아이들의 발달 속도는 모두 다르기 때문에 아이의 발달 상태에 따라 시작하시는 것이 좋아요. 또 너무 늦었다고 말할 수 있는 시기도 없습니다.

기본적으로 초기 이유식을 시작할 수 있는 시기는 아이 스스로 머리를 들 수 있고, 혼자서 허리를 꼿꼿이 세우고 하이체어에 앉을 수 있을 때입니다. 또 아이가 음식을 보고 입을 벌리고, 음식을 향해 손을 뻗으며, 침을 흘린다면 준비가 되었다는 뜻입니다.

음식을 씹어서 삼킬 수 있는 능력은 생후 6개월부터 생기기도 하지만, 아이의 구강 구조나 능력에 따라 9개월이 되어야 할 수도 있습니다. 아이 혼자서 고형식을 먹는 시기는 아이의 성향과 부모의 양육 방식에 맞게 조금씩 조절하며 결정해도 충분합니다.

Q
아이주도 유아식을 시작했는데 음식을 먹지는 않고 장난만 쳐요.

A

처음 아이주도 식사를 시작했다면 당연한 일이에요. 초기 이유식부터 고형식으로 아이주도를 시작하든, 스푼 피딩으로 이유식을 시작하고 점차 비율을 늘려가며 고형식으로 아이주도를 하든, 모든 아이는 눈앞에 놓인 것이 음식인지조차 인지하지 못하는 경우가 대부분입니다.

아이에겐 음식의 모양도, 식감도 전부 낯설기 때문에 손으로 만지고 주물러보며 던지는 것 또한 음식에 익숙해지기 위해 탐색하는 과정 중 하나입니다. 대부분의 아이가 그렇게 시작해요. 점차 적응하고 익숙해지면 입에도 넣어보고, 입안에서 음식을 혀로 굴려도 보고, 뱉기도 하며 씹고 삼킬 수 있는 능력을 터득하는 것입니다.

이후 아이의 자아가 생기면서부터 돌 전후에는 들고 있던 숟가락이나 포크를 바닥으로 던지거나 음식을 던지기도 합니다. 부모는 아이가 하는 그런 행동이 잘못되었다고 생각할 것이니, 아이에게 "하지 마, 던지면 안 돼"라는 식의 다소 강압적인 말을 하게 됩니다. 아이는 하지 말라고 하는 부모의 말을 이해하지 못합니다. 왜 하지 말아야 하는지 납득도 안 될뿐더러 단순하게 재미있고 부모의 반응이 흥미로워서 계속하기도 합니다. 이럴 때는 무관심이 효과적입니다. 떨어졌는지도 모르는 체하며 반응하지 않으면 아이도 금세 흥미를 잃고 그만둘 거예요.

Q
50분이고 1시간이고 계속 식사하게 두어도 괜찮나요?

A

아니요. 아이가 먹성이 워낙 좋고 음식에 대해 꽤 친숙하게 생각해 식사 시간을 즐기는 경우라 하더라도 식사 시간이 너무 길면 아이도 빨리 피곤해하거나 싫증을 낼 수 있습니다. 하이체어에 20~30분 이상의 시간을 가만히 앉아서 무언가를 하는 것은 어린아이들에게 힘든 일입니다.

식사를 진행하는 시간 동안 아이가 밥을 거의 먹지 않았다 해도 식사 시간은 규칙적으로 설정하는 것이 좋습니다. 아이가 밥을 얼마나 먹었는지 양을 중요하게 생각하지 말고, 식사를 시작한 지 30분 정도가 되면 이제 식사 시간이 끝났다는 걸 알려주고 식사 자리를 정리해주세요. 아이도 그 시간에 적응하며 스스로 주어진 시간 안에 식사를 마무리할 수 있을 것입니다. 아이가 배가 고팠다면 30분 안에 충분한 식사를 했을 테고, 그렇지 않더라도 그 이상의 시간은 아이도 엄마도 힘들어서 식사를 지속하기에 무리가 됩니다.

또 아이들은 식사를 충분히 했다면 30분을 넘기지 않았더라도 장난만 치거나 힘들어할 수 있어요. 아이가 어떤 표현을 하는지 세심하게 관찰하고 그에 맞게 대처해주는 게 좋아요.

처음 적응 기간 중 먹은 양이 너무 적은 것 같다는 생각이 들 땐 식사 시간을 끝내고 30분에서 1시간 정도 이후에 달지 않은 간식으로 보충해줘도 좋아요. 예를 들면 찐 단호박이나 찐 고구마, 바나나, 우유, 에그스크램블 등으로요.

Q
어느 순간부터 하이체어에만 앉으면 울고불고 내려달라고 해요.

A

새로운 무언가에 낯설고 힘들어하는 성향이 강한 아이들은 처음 아이주도 유아식을 시작할 때부터 거부를 한다거나 힘들어할 수 있지만, 대부분의 아이는 밥을 먹는 것 이외에도 혼자서 스스로 하는 것을 즐기고 좋아합니다. 아이주도 유아식을 시작했을 땐 촉감놀이를 하듯 즐거워하고 흥미로워하며 잘 적응하는 듯하지만 시간이 지남에 따라 꽤 지루해할 수 있어요.

노는 것이 더 즐거운 아이들은 하이체어에 가만히 앉아 있는 것을 힘들어하기도 하고, 밥을 왜 먹어야 하는지 이유를 모르기 때문에 점차 밥을 먹으려고 하이체어에 앉아 있는 시간을 싫어하게 될 수도 있겠지요. 그럼 하이체어에 앉기만 해도 울면서 싫다고 표현하죠. 서윤이도 아이주도 유아식을 처음 시작할 땐 호기심이 가득하고 매번 달라지는 식재료와 음식에 흥미로워하며 잘 적응하는 듯하다가 어느 순간부터 하이체어에 앉기만 해도 짜증을 내고 울면서 밥도 안 먹던 때가 있었어요.

그때 저는 "서윤이가 식사를 하는 시간이 즐겁지 않은가보다. 더 즐거운 무언가를 하고 싶은가보다"라는 생각이 들더라고요. 그래서 하이체어에 앉히고 식사를 시작하기 전 5분 정도를 서윤이가 당시 좋아했던 팝업북pop up book이나 손가락 인형들로 재미나게 놀아줬어요. 즐거운 기분으로 식사를 시작할 수 있도록 하고 '하이체어에 앉아 있는 시간이 지루한 시간은 아니구나' 하는 생각이 들게끔 해줬던 것 같아요. 이렇게 일주일 정도 시도를 했더니 더 이상 내려달라 울고불고 떼쓰지 않더라고요.

모든 아이가 이와 같은 방법이 통하는 것은 아닐 테니 내 아이의 성향에 맞게, 아이가 원하는 걸 세심하게 관찰하고 알아채셔서 도와주면 좋을 거예요. 제일 중요한 것은 아이가 식사하는 시간을 억지로 먹는 시간이 아닌 즐거운 시간으로 느끼도록 긍정적인 분위기를 조성해야 한다는 점입니다.

Q
음식을 먹다가 간혹 구역질 또는 질식할까 봐 무서워서 (또는 이가 늦게 나서) 음식 입자를 못 키워주겠어요.

A

먼저 구역질 반응에 대해 이야기해볼까 해요. 구역질 반응은 아이가 고형식을 먹게 되면서 나타나는 아주 자연스러운 반응 중 하나입니다. 오히려 질식을 예방하기 위한 건강한 반응이라고도 할 수 있습니다. 대게 '우웩' 하며 혀를 밖으로 내밀거나 얼굴이 새빨개지고 눈에 눈물이 고이는 현상을 보이며, 대부분의 아이는 구역질 반응을 하고도 아무렇지 않게 식사를 이어나갑니다.

이 반응을 여러 차례 경험함으로써 아이가 스스로 삼킬 수 있는 음식의 입자와 양을 조절하고 씹는 방법을 터득하게 되며, 질식의 위험에서 더 멀어질 수 있게 됩니다. 이때 부모가 너무 놀라거나 호들갑을 떨며 반응하면 오히려 아이는 더 겁을 내고 밥을 먹기 두려워할 수도 있으므로 침착한 반응과 대처를 보여야 합니다. 점차 시간이 지남에 따라 구역질 반응의 횟수도 줄어들게 됩니다.

반면에 질식의 경우 아이의 얼굴빛이 파랗게 질리며 창백해지거나, 목에 음식이 걸려서 소리를 내지도 울지도 못하게 됩니다. 질식 위험이 있는 음식은 애초에 파악하고 조심해야 해요. 또한 부모는 음식물로 기도가 막혔을 때 이를 제거하는 방법인 하임리히법Heimlich法을 충분히 숙지하고 있어야 합니다.

부모가 구역질 반응을 두려워하여 입자를 계속해서 다져주거나 죽 형태의 음식으로만 주면 아이는 시간이 지나도 입자가 있는 음식을 거부하고 싫어하게 되는 경우가 많습니다. 하지만 유아기부터 씹는 연습을 하는 것은 매우 중요합니다. 음식을 씹는 저작운동은 뇌에 공급하는 혈류량을 증가시켜 기억력을 향상시키고, 침샘을 자극해 침이 가진 여러 가지의 긍정적인 효과를 얻을 수 있기 때문이에요.

또 씹지 않고 바로 삼킬 수 있는 죽 형태의 음식보다 씹는 과정이 있는 고형식을 먹을 때 더 침샘을 자극하는데요. 침에 들어 있는 소화효소가 음식물에 작용하는 효율이 높아져서 소화가 더 잘 되기도 합니다. 유아기 때부터 음식을 오랫동안 꼭꼭 씹어 먹는 좋은 습관을 들이도록 돕는 것이 좋습니다.

옛말에 '이가 없으면 잇몸'이라는 말이 있죠. 아기는 이가 없어도 잇몸으로 씹는 것이 충분히 가능합니다. 단, 단단한 식재료들은 찌거나 굽는 조리 방법을 통해 부드럽게 제공해야 해요. 서윤이는 10개월쯤 아이주도 유아식을 시작하면서 입자를 크게 키워줬어요. 치아는 많이 나봤자 앞니 2개 정도였거든요. 서윤이 또한 구역질 반응을 통해 스스로 씹고 삼킬 수 있는 요령을 터득해 오래 씹어야 하는 고기나 단단한 야채도 잘 먹을 수 있게 되었답니다.

너무나도 당연하고 자연스러운 반응인 구역질을 한다고 해서 너무 두려워하지 말고 천천히 시도해보세요. 아이들은 우리 생각보다 더 잘 해낼 수 있습니다.

Q
아이가 밥은 안 먹고 반찬만 먹어요.
또는 반찬은 안 먹고 밥만 먹어요.

A

아이들마다 꼭 한 번씩은 그런 시기가 있다고 말씀드리고 싶어요. 아이들은 밥과 반찬을 함께 먹어야 한다는 것을 잘 인지하지 못해요. 그러다 보니 당연히 쌀밥보다 더 맛있는 반찬만 먹게 되고 자연스레 밥을 안 먹게 되는 경우죠. 반대로 반찬의 다양한 식감에 적응하지 못하거나 식감에 예민한 아이들은 매 끼니 똑같이 주어져 익숙한 밥만 먹게 되는 거예요. 서윤이도 그랬던 시기가 있었어요. 밥은 안 먹고 반찬만 먹더라고요.

이때 좋았던 방법 중 하나는 일주일 정도를 '한 그릇 요리'로 대체해주는 것이었어요. 여러 가지 반찬 중 무얼 먹을까 하는 고민 없이 먹을 수 있기 때문이죠. 덮밥, 볶음밥, 파스타 종류를 다양하게 돌아가며 맛보게 해주었더니 이때부터 '밥과 반찬은 함께 먹을 때 더 맛있구나'를 알기 시작하더라고요.

이 방법 외에도 아이가 말귀를 알아들을 때는 "서윤이가 당근볶음과 고기반찬만 먹었더니 밥이 속상해하네. 밥이 자기도 같이 먹어달라고 이야기하네"와 같이 흥미를 유발하는 내용의 대화를 한다거나 또는 앞서 말씀드린 바와 같이 가족의 식사 시간에 함께 참여하여 식사를 하는 것이 많은 도움이 됩니다. 대부분의 아이는 이랬다저랬다 합니다. 알아가는 과정 중 하나라고 생각하면 마음이 편해질 거예요.

Q
야채를 너무 안 먹어요.
고기를 너무 안 먹어서 걱정이에요.

A

편식이란 대부분의 아이가 꼭 한 번씩은 겪는 성장 과정 중 하나이지 않을까 싶습니다. 한 가지의 식재료를 꾸준하게 가리고 편식하는 경우는 거의 없어요. 먹지 않던 음식을 어느 날은 잘 먹을 때도 있고, 잘 먹던 음식도 반대로 먹지 않을 때도 있습니다. 만약 아이가 다 잘 먹는데 고기만 안 먹는다면 고기를 다양한 형태로 조리해주는 방법도 있습니다. 찌거나 굽거나 달짝지근한 양념에 졸여주는 등 다양한 조리 방법으로요.

그럼에도 식감에 민감하거나 구강이 예민한 아이들을 잘 먹이기란 좀처럼 쉽지 않습니다. 그럴 때는 아이가 원하는 바를 세심하게 파악하고 다양한 방법으로 꾸준하게 시도해보라고 말씀드리고 싶어요. 먹기 싫어하는 음식을 억지로 먹이려 하는 행동은 장기적으로 봤을 때 역효과를 나타나게 하고, 아이가 밥 먹기 자체를 싫어하게 만들 수도 있어요. 억지로 먹인다거나 한 입만 더 먹어보라고 강요하는 행동은 주의해야 해요.

SNS에서 잘 먹는 서윤이의 모습을 보고, 서윤이는 편식도 없고 뭐든지 잘 먹는다고 생각하시는 분이 많더라고요. 서윤이도 편식 아닌 편식을 한답니다. 자기주도 유아식을 하는 아이들은 편식을 하지 않는다는 것은 잘못된 정보예요. 다양한 식재료를 맛보며 거부감이 비교적 적은 것은 사실이지만, 아이주도 이유식과 유아식을 하는 아이라고 해서 뭐든 가리지 않고 잘 먹지는 않는답니다.

저는 서윤이에게 매일 다른 요리를 만들어주면서 오늘 이 음식을 먹지 않는다고 해서 '이건 서윤이가 싫어하는 음식이구나'라는 생각은 하지 않았어요. '오늘은 다른 음식이 더 맛있었구나' 하고 마음을 편하게 먹었어요. 안 먹었던 음식을 또 다른 날 만들어주면 잘 먹기도 했고, 몇 번이고 먹지 않던 식재료를 다른 방법으로 조리해서 줬더니 잘 먹은 적도 있었습니다. '이 식재료는 아이가 싫어하니 오늘도 만들어주면 분명 먹지 않을 거야'라는 편견을 가지지 않는 것이 제일 중요해요.

또한 아이가 돌이 지나고 어느 순간 자아가 강하게 생겨나면 본인의 주장이 확고해질 때가 와요. 음식을 보고 이것은 먹지 않아야겠다고 생각한 건 맛도 보지 않고 거부하는 일도 있고요. 한 가지 음식뿐만 아니라 모든 음식을 먹지 않으려고 하는 일명 '밥태기'가 올 때도 있습니다. '밥'과 '권태기'를 더해 만든 말이랍니다. 그 시기는 분명 지나갑니다. 중요한 건 밥태기가 왔을 때 부모가 한숨을 쉬는 등 부정적인 모습이나 억지로 먹이려는 행동을 아이에게 보이지 않는 것입니다. 먹으면 먹는 대로 먹지 않으면 먹지 않는 대로 온전히 아이에게 맡겨주세요. 다만, 이때 달콤한 간식이나 자극적인 음식은 도움이 되지 않아요. 간식과 잠시라도 멀리 하는 것이 좋아요.

그 시기에 가장 도움이 되었던 방법은 아이를 요리 과정에 참여시키는 거예요. 함께하는 요리 과정이 서툴러서 주변이 지저분해질 것에 대해서는 미리 각오하는 게 좋아요. 우선 마음을 내려놓고 아이와 함께 즐겁게 참여하는 경험을 만드는 게 제일 중요합니다. 식재료를 다루고 음식을 만드는 과정을 눈으로 보면 본인이 함께 만든 음식에 대해 성취감과 애착이 생겨서 좋아하지 않는 식재료가 들어 있더라도 흥미를 보이거나 스스로 잘 먹기도 합니다. 또 귀여운 모양의 조리용 커터를 활용해 야채를 토끼나 하트 등 좋아하는 모양으로 제공해주는 것도 도움이 됩니다.

기본적으로 영양소의 균형을 잘 맞춘 식사를 하는 것이 제일 좋습니다. 편식이 심해 영양소가 불균형한 식사를 오랫동안 지속하면 아이의 영양불균형을 유발해 성장에도 방해가 될 수도 있습니다. 앞서 제안한 다양한 방법을 잘 활용해 내 아이가 좋아하는 식감을 찾거나, 특정 식재료를 잘 숨겨서 조리하는 등 맞는 방법을 찾아보길 바랍니다.

아이가 골고루 잘 먹어주면 좋겠지만 그렇지 않다고 해서 아이 앞에서 부정적인 표정이나 행동, 표현을 하는 것은 더 좋지 않은 결과를 부를 수 있어요. 힘들더라도 긍정적인 표현을 해주는 것이 중요합니다. 아이에게도 어른처럼 싫어하는 식감과 좋아하는 식감이 있을 거예요. 그것들은 시간이 지남에 따라 바뀔 수도 있고요. 부모가 아이의 의사를 존중해주는 만큼 아이는 본인에게 맞는 좋은 식습관을 형성해갈 수 있다고 생각해요.

2장
유아식 기본 가이드
Basic Guide

Basic Guide

서윤맘 레시피 가이드

이 책에 실린 레시피들은 기본적으로 부모와 아이가 함께 먹을 수 있는 레시피입니다. 레시피에 적힌 '간을 하는 양념'은 아이 저염식을 기준으로 맞춰져 있으며 아이마다 간을 하는 정도가 다르기 때문에 필요에 따라 가감하면 됩니다.

12개월 미만인 아이나 무염식을 하는 아이의 경우 레시피 재료에 간을 하는 양념이 있다면 양념을 빼고 조리하세요. 부모와 함께 먹을 음식을 만들 때는 아이의 간에 맞춰 양념을 한 후 아이가 먹을 양만큼 그릇에 옮겨 담고, TIP에 적힌 양념들로 취향껏 가감해 만들고 함께 맛있게 드시면 됩니다.

- 아이의 개월 수나 아이가 잘 씹을 수 있는 정도에 따라 식재료의 크기나 모양은 조절해서 변형이 가능합니다.
- 아이가 무염식을 하는 경우 간이 되는 양념을 빼고 조리하시고 부침가루는 밀가루나 쌀가루로 대체 가능합니다.
- 책에서 말하는 간장, 국간장은 저염 제품을 사용해 계량한 레시피이므로 일반 간장, 국간장을 사용한다면 레시피의 1/2 정도 가감해 조리하면 됩니다.
- 우유 대신 모유나 분유물, 코코넛워터, 아몬드밀크 등으로 대체 가능합니다.
- 이 책에서는 단맛을 내는 용도로 아가베시럽을 사용했지만 비정제 설탕이나 천연당으로 얼마든지 대체 가능합니다.

계량법

1큰술 = 15ml

1작은술 = 5ml

쌀 1컵 = 120g

※ 많은 양의 육수는 ml로 적어두었습니다. 계량컵이 없을 경우 종이컵을 사용하시면 됩니다. 일반 종이컵 1컵은 180ml입니다.

Basic Guide

이런 식재료는 피하세요!

◆ 꿀

꿀에는 보툴리누스균이 함유돼 있는데, 보툴리누스균은 매우 심각한 형태의 식중독을 일으킬 수 있는 박테리아입니다. 어린이와 성인의 몸에 흡수되면 소화액으로 흡수되지만, 장 기능이 미숙한 12개월 미만의 아이에게는 굉장히 위험하며 세균이 죽지 않고 번식할 경우 신경이나 근육마비 또는 기도가 붓는 등의 위험한 상황이 생길 수도 있으니 절대 먹이지 말아야 합니다.

◆ 덜 익은 달걀

덜 익은 달걀은 살모넬라증과 같은 박테리아가 함유돼 있어 12개월 미만의 아이에게 질병을 일으킬 수 있으니 최소 70℃ 이상의 온도에서 완전히 익혀줘야 합니다. 완전히 익힌 달걀은 돌 이전에도 알레르기 테스트가 완료된 이후라면 섭취 가능합니다.

◆ 생우유

장 기능이 미성숙하고 알레르기를 일으킬 위험이 많은 12개월 미만의 아이에게 생우유는 피해주세요. 구토나 설사를 일으킬 수 있습니다. 우유가 포함된 레시피에서는 모유나 분유물로 대체해주세요.

◆ 설탕

모든 유형의 설탕은 12개월 미만의 아이에게 먹여서는 안 됩니다. 설탕은 아기들이 필요로 하는 단백질, 지방 등 필수 영양소가 부족하고 밀도가 낮으며 고혈압, 충치 등의 위험을 초래할 수 있습니다. 특히나 아이들은 단맛에 대해 선천적으로 높은 선호도를 가지고 있으므로 설탕을 포함하지 않은 건강한 음식에 대한 미각을 먼저 발달시킬 수 있는 충분한 시간을 주는 것이 중요합니다. 돌 이후부터는 천연당이나 대체당으로 사용이 가능하나 이 또한 많은 양을 섭취하는 것은 좋지 않으므로 조절해줘야 합니다.

Basic Guide

알레르기 위험 식품과 대체 식품

◆ 달걀

대체 식품
생선, 두부

달걀은 유아식에서 다양하게 활용하는 식재료이지만 알레르기를 일으키는 식품 중 가장 흔한 것으로 꼽힙니다. 달걀 알레르기 테스트는 돌 이전에 시작해야 알레르기를 일으킬 수 있는 가능성이 낮아집니다. 삶은 달걀로 노른자를 먼저 테스트하고 이상 반응이 없는 경우 2~3일의 간격을 두고 흰자를 테스트하세요. 보통 달걀 흰자가 알레르기의 원인이 되는 부분이지만 노른자에도 알레르기 반응을 보이는 경우가 있습니다. 달걀 알레르기가 있는 경우 달걀을 섭취한 후 몇 분에서 몇 시간 이내에 붓기, 발진, 두드러기, 습진과 같은 피부 반응을 일으키며 호흡곤란이 오거나 복통, 메스꺼움, 구토와 설사 등과 같은 증상을 보입니다. 달걀은 샐러드드레싱, 아이스크림, 미트볼, 마요네즈 등의 다양한 식품에 함유돼 있으니 달걀 알레르기가 있는 아이라면 섭취 시 주의해주세요.

◆ 우유

대체 식품
두유, 멸치, 두부, 해조류

우유는 알레르기 반응을 일으키는 가장 흔한 음식 중 하나예요. 우유 알레르기가 있는 아이는 우유 안에 있는 단백질 중 하나 이상에 반응을 합니다. 어떤 아이는 카제인단백질에 알레르기가 있고 어떤 아이는 유청단백질에 알레르기가 있을 수 있고, 또는 두 가지 모두에 알레르기가 있을 수 있습니다. 우유 알레르기가 있는 아이가 이 단백질들을 섭취할 때, 신체는 알레르기 작용을 유발하는 히스타민과 같은 화학물질을 방출합니다. 이때 나타나는 반응은 호흡곤란, 복통, 구토, 설사 등과 같은 증상들이 있어요. 요구르트나 치즈 등의 가공 식품을 섭취했을 때에도 나타날 수 있으니 주의하시기 바랍니다.

◆ 밀

대체 식품
쌀, 감자

밀 알레르기는 면역력이 낮고 소화기관이 미숙한 영유아 초기에 많이 발생합니다. 주요 알레르기 성분은 단백질의 일종인 글루텐이며 보리, 귀리, 호밀에도 들어 있으니 주의해야 합니다. 알레르기 증상에는 두드러기, 위경

련, 소화불량, 설사 등이 있어요. 밀 알레르기는 대부분 자연 치유되지만 심한 경우라면 보리밥이나 호밀빵 등의 음식을 섭취하는 것만으로도 문제가 될 수 있습니다. 밀 가공식품을 선택할 때도 식품의 성분표를 꼼꼼히 확인하는 습관이 필요합니다.

◆ 땅콩

대체 식품

들기름

땅콩은 매우 소량에도 알레르기 반응을 심각하게 일으키는 경우가 많고, 이 반응은 성인이 되어서도 잘 없어지지 않습니다. 땅콩 알레르기가 있을 경우 두드러기, 피부가 붓거나 붉어짐, 설사, 위경련과 같은 증상을 보입니다. 특히나 사탕, 초콜릿, 과자 등에도 부재료로 땅콩이 들어 있으니 주의해야 합니다.

이외에도 콩, 참깨, 생선, 해산물, 조개류, 대두, 복숭아, 망고, 토마토 등이 알레르기를 일으킬 수 있습니다.

식품 알레르기 테스트

알레르기를 유발할 수 있는 식재료를 이유식을 시작하는 단계에서 조금씩 노출시켜주는 것이 음식 알레르기를 줄이는 데 도움이 됩니다.

알레르기 테스트를 시작하기 전, 아이의 컨디션이 좋은지 꼭 확인해주세요. 또, 테스트는 평일 오전 시간대가 가장 좋습니다. 테스트 도중에 아이가 알레르기 반응을 보인다면 곧장 의사의 진찰이 필요하므로 주말보다는 평일이, 오후보단 오전 시간대가 좋습니다.

테스트 시 식재료는 한 번에 한 가지씩 접하게 해야 알레르기의 원인을 식별할 수 있습니다. 아이가 음식에 알레르기 반응을 보이지 않는다면 그 재료를 주 2회가량 더 제공해주세요. 처음 테스트했을 땐 알레르기 반응을 보이지 않다가 다음 테스트까지의 기간이 길어지면 알레르기가 발생할 수도 있기 때문입니다.

특히 입 주위의 붉은 기는 대부분 자극 때문이며 식재료 때문이 아닌 경우가 많습니다. 아이들은 알레르기와 무관한 이유로 구토나 피부발진이 생기기도 하므로 의사에게 조언을 구해보세요. 착각 탓에 아이가 불필요하게 음식을 피하게 되면 오히려 알레르기가 생길 수도 있으니 정확한 진찰이 중요합니다.

알레르기 반응으로는 입술, 눈, 얼굴이 붓고 구토나 설사를 할 수 있으며, 음식을 섭취하고 두 시간 이내에 혹은 이보다 더 지연돼 발생할 수 있습니다. 아이에게 호흡곤란이나 두드러기 등의 증상이 있으면 즉시 구급차를 부르고 응급처치를 해주세요.

Basic Guide

질식 위험이 있는 식재료와 예방법

숨이 막히는 현상은 기도 전체 혹은 일부가 막혔을 때 나타납니다. 아이의 얼굴이 파랗게 창백해지고, 소리를 내지 못하니 울지도 못하지요. 이유식을 시작하기 전 질식 위험이 있는 식재료가 무엇인지 알아두고 피하는 것이 제일 좋고 하임리히법을 충분히 숙지해두는 것도 중요합니다.

아이의 기도가 음식이나 무언가로 막혔을 때는 곧바로 하임리히법 등의 응급처치를 통해 기도를 막고 있는 이물질을 제거해주어야 합니다. 어른의 손가락을 아기 입에 집어넣고 이물질을 빼려는 시도는 잘못된 행동입니다. 오히려 이물질을 뒤로 밀어내 아이의 기도를 막게 할 수 있으니 유의해주세요.

특히 다음과 같은 식재료는 질식 위험이 있으니 주의해주세요.

◆ 작고 둥근 과일

체리나 포도, 블루베리 같은 작고 둥근 과일은 아이의 기도를 막을 수 있어 위험합니다. 4등분을 하거나 2등분으로 나눠서 제공해주세요.

◆ 통견과류

만 3세 이전의 아이에게는 위험할 수 있습니다. 다른 음식과 달리 통견과류는 아이의 몸속 작은 기관을 막기 쉽고 잘 용해되지 않으므로 피해야 합니다.

◆ 생선

생선을 제공할 땐 손질된 생선이라 하더라도 가시가 남아 있진 않은지 꼼꼼히 확인한 후 제공해주세요.

◆ 단단한 야채

야채는 스틱 형태로 제공하는 것이 안전합니다. 당근, 비트와 같이 단단한 야채들은 찜기에 찌거나 구워서 부드러운 상태로 제공해주세요.

◆ 껍질 또는 잎이 있는 식재료

사과, 배, 토마토 등 아이가 씹고 소화시키기 어려운 과일이나 채소의 껍질은 제거하고 제공하세요. 또 상추, 시금치, 양배추 등 잎이 있는 채소들은 부드러워질 때까지 조리하고 잘게 다져주면 좋아요. 과일이나 채소 등에 있는 껍질은 아기가 씹기 어렵고 아이들의 기도를 완전히 밀폐할 수 있어 질식 위험이 있습니다.

질식 위험을 예방하기 위해서는

아이가 식사를 하는 동안 부모가 옆자리를 비우는 일은 절대로 없어야 합니다. 아이가 식사를 주도적으로 끌고 가게끔 하되, 아이가 감당할 수 없을 정도로 많은 양의 음식을 한 입에 모두 넣는다거나 하는 행동은 저지해야 하며 자연스럽게 지켜보는 것이 좋습니다. 아이가 바른 자세로 앉아서 음식을 먹을 수 있도록 도와주는 하이체어 사용을 추천하며, 걷거나 달리는 동안 무언가를 먹는 일은 특히 주의해야 합니다. 또한 달리는 차 안에서 먹는 것 또한 피해야 합니다.

Basic Guide

생물 식재료 고르는 법과 손질법

해산물

새우

새우는 몸통이 투명하고 윤기 나며 껍질이 단단한 것이 좋고, 껍질과 살 사이에 틈이 없고 머리나 등 부분이 검지 않은 것이 신선해요. 새우를 손질할 때는 머리와 꼬리를 가위로 잘라내고 껍질을 제거해주세요. 그리고 새우 등에 칼집을 내어 내장을 제거해주세요.

전복

전복끼리 서로 붙어서 잘 떨어지지 않거나 수족관 벽을 타고 움직이고 있는 것을 고르세요. 또 가만히 두었을 때 양쪽 살을 오므리고 있는 것이 신선해요. 전복은 솔로 문질러가며 씻은 다음 흐르는 물에 헹구고, 숟가락을 전복 이빨이 있는 안쪽으로 넣고 살살 돌려가며 살과 껍질을 분리해주세요. 그 후 전복의 이빨 혹은 입을 제거하고 내장을 가위로 자른 뒤 모래주머니를 제거해주세요.

오징어

죽은 지 오래된 것일수록 모양이나 색깔이 변하는 색소 세포인 색소포가 줄어들면서 진한 갈색이던 오징어 색이 점점 흰색으로 변해요. 따라서 신선한 오징어를 원한다면 초콜릿색을 고르는 것이 제일 좋아요. 오징어는 몸통 뒷면에 가위를 넣어 세로로 자른 다음, 몸통과 다리를 분리하고 내장과 투명한 뼈를 손으로 잡아 떼어내세요. 몸통에 겉껍질을 키친타월로 잡고 떼어내면 쉽게 분리할 수 있어요.

채소

브로콜리
단단하고 강한 줄기가 있는 밝은 녹색을 고르는 것이 좋고 꽃이 누렇게 변한 브로콜리는 피해주세요. 브로콜리는 송이송이 사이에 공간이 빽빽해서 그대로 세척하면 속까지 세척이 되질 않아요. 송이를 적당한 크기로 잘라준 다음 베이킹소다를 푼 물에 20분 정도 담가두고 흐르는 물에 여러 번 헹궈주세요.

오이
위아래 굵기가 동일하고 색이 고른 것을 선택하는 것이 좋아요. 또 꼭지가 마르지 않은 것이 좋은 오이예요. 오이를 손질할 때는 표면을 굵은소금으로 박박 문질러준 다음 흐르는 물에 헹궈준 뒤 용도별로 썰어주면 돼요.

단호박
손으로 들었을 때 묵직한 느낌이 나는 것이 속이 알차고 좋아요. 또, 표면에 상처가 없고 고르고 윤기 나는 것을 고르세요. 베이킹소다를 푼 물에 담가둔 뒤 흐르는 물로 깨끗하게 씻고 전자레인지에 2분 정도 돌려주면 껍질과 씨를 제거하기 쉬워요.

아보카도
아보카도는 따고 후숙 기간을 거쳐서 먹기 알맞은 상태가 될 때까지 두었다가 먹는 후숙 과일이기 때문에 초록빛에서 시간이 지남에 따라 와인빛으로 바뀌며 부드럽게 후숙이 돼요. 바로 먹을 것이라면 제대로 된 와인빛이 돌며 살짝 눌러보았을 때 부드러운 정도의 아보카도를 선택하고, 시간을 두고 먹을 것이라면 초록빛을 띠는 아보카도를 선택하세요. 아보카도를 빠르게 후숙시키고 싶을 땐 키친타월로 겉을 감싸고 빛이 들지 않는 상온에서 2~3일 두시면 더 빠르게 후숙이 돼요.

아스파라거스
봉우리가 단단하고 끝이 모여 있는 형태의 아스파라거스가 좋아요. 줄기는 굵지만 연한 것이 좋고 녹색의 경우 향기가 진하고 초록색이 선명한 것일수록 신선해요. 아스파라거스는 줄기 아랫부분의 섬유질 껍질을 필러peeler로 벗기고 질긴 끝부분도 잘라내주세요.

완두콩
꼬투리가 선명하고 짙은 녹색을 띠며 마르지 않은 것이 신선해요. 낱알 역시 짙은 녹색을 띠며 고르고 동글한 것이 좋아요. 완두콩 낱알을 물에 20분 정도 담가두었다가 엄지와 검지로 완두콩의 겉껍질을 쏙 잡고 눌러주면 겉껍질과 알맹이가 분리돼요. 완두콩의 겉껍질은 제거하고 요리하는 것이 아이들이 먹기에 좋아요.

우엉
우엉을 고를 땐 뿌리를 만져보고 촉촉하게 수분이 느껴지는 것을 고르고 표면에 상처 없이 매끈하고 얇은 것이 좋아요. 우엉은 흐르는 물에 세척하고 칼등으로 껍질을 긁어 제거해요. 용도에 맞게 썰어준 다음 식초물(물 1L+식초 1큰술)에 바로 담가두면 갈변을 방지할 수 있어요.

육류

닭다리살

손질 없이 그대로 조리하면 핏물과 기름이 나와 텁텁하거나 느끼할 수 있기 때문에 불필요한 하얀 지방은 가위로 잘라내고 힘줄도 제거해주는 게 좋아요. 닭다리살 껍질 또한 제거하는 것을 추천합니다.

닭 안심

닭 안심을 고를 때는 표면에 끈적끈적한 액체가 느껴진다면 피하는 것이 좋아요. 닭가슴살보다 육질이 부드럽고 퍽퍽하지 않아서 자주 쓰이지만 너무 오래 가열하면 퍽퍽해지기 쉬우니 주의해주세요. 닭 안심은 표면에 하얀 막을 제거하고 가운데에 있는 힘줄을 엄지와 검지로 잡고 칼을 옆으로 눕혀 쓱 밀어주면 쉽게 제거돼요.

다짐육

이유식, 유아식에서 주로 쓰이는 다짐육. 시중에 다짐육이라고 판매되고 있는 것들은 어떤 부위가 어떻게 다져졌는지 몰라 찜찜한 경우가 많아요. 닭고기는 닭 안심, 돼지고기는 안심 또는 등심, 소고기는 질 좋은 양지, 안심, 등심 등으로 구매해 직접 초퍼chopper로 다져서 사용하는 방법을 추천해요. 육류를 냉동 보관할 시엔 구매해온 즉시 공기의 접촉을 최소화해 세척 없이 냉동 보관하고 최대한 빠르게 섭취해주세요. 냉동고 속 온도 변화가 적은 깊숙한 곳에 보관하는 것이 좋아요.

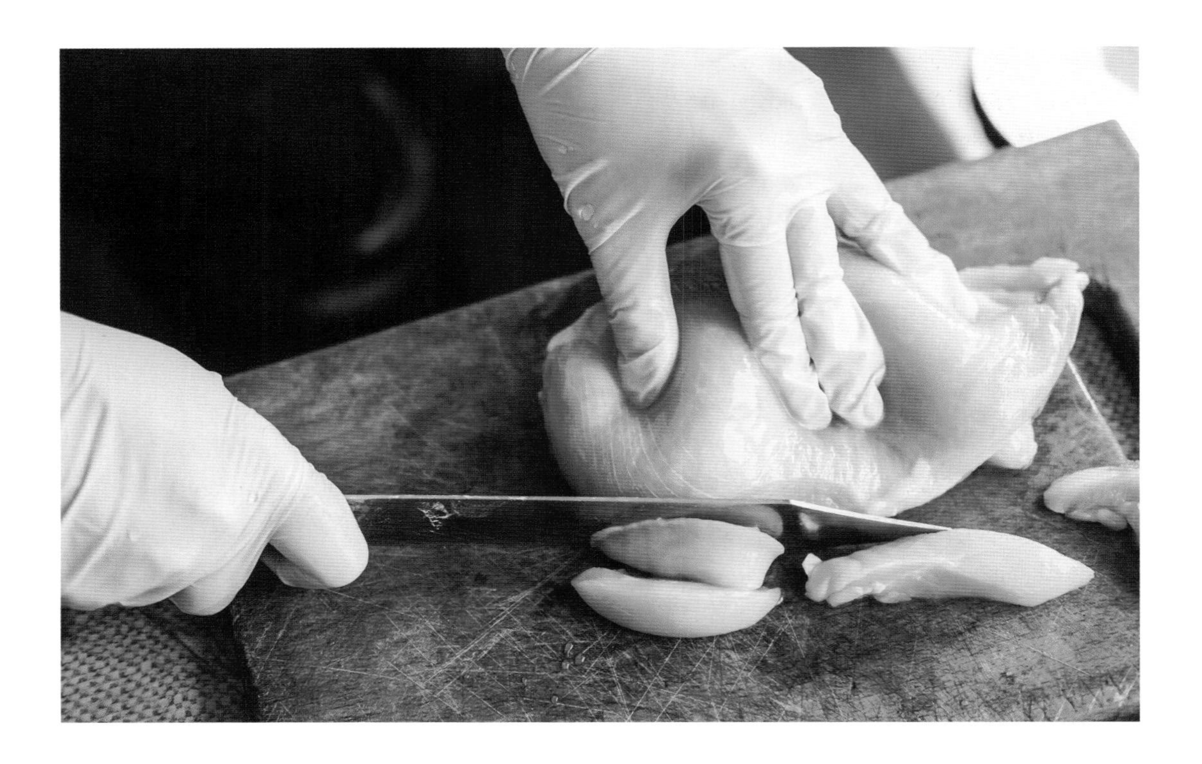

Basic Guide

재료 고르는 TIP

캔 참치

캔 참치에 들어 있는 기름이 올리브유인 제품을 추천해요. 캔 참치 대부분의 제품에 카놀라유가 사용되는데 카놀라유는 발연점에 도달해 산패가 시작되는 식용유와는 달리, 발연점에 도달하지 않아도 열을 지속적으로 가하면 트랜스 지방을 생성하고 산패가 시작돼요. 즉, 산화적 안전성이 떨어지는 식용유죠. 제조 과정에서 카놀라유의 독성을 제거한다고는 하지만 좀 더 안전한 올리브유를 사용한 캔 참치를 추천합니다.

두부

두부와 함께 들어 있는 충전수가 맑고 깨끗한 것을 골라야 하며, 충전수가 뿌옇거나 거품이 있는 제품은 피해주세요. 또, 국산 콩을 사용해 만들었는지를 확인하는 게 좋아요. 가급적이면 유해한 거품을 제거하는 데 쓰는 소포제나 섞이지 않는 두 액체를 잘 섞이게 하는 유화제를 사용하지 않고, 천연 응고제를 사용한 제품을 추천합니다.

달걀

달걀에는 '산란 일자+생산 고유번호 5자리+사육 환경 번호'가 새겨져 있어요. 1~4까지의 숫자로 알을 낳은 닭의 사육환경을 알 수 있습니다. 알껍데기 번호 즉, 난각번호 1번은 방목장에서 자유롭게 돌아다니도록 사육한 닭에서 낳은 달걀을 말하고, 난각번호 4번은 닭이 A4용지보다 작은 쇠 철창에 갇힌 환경에서 낳은 알을 의미해요. 다시 말해 난각번호가 1번에 가까울수록 쾌적한 환경에서 스트레스 없이 자란 닭이 낳은 달걀입니다. 달걀을 구매할 땐 난각번호를 알고 구매하시는 것을 추천합니다.

버터

크게 무염버터와 가염버터, 두 가지 종류가 있어요. 가염버터는 소금이 들어가 있어서 무염버터에 비해 보관 기간이 훨씬 길다는 게 장점입니다. 다르게 보면 가염버터보단 무염버터가 더 신선하다고 생각할 수 있고, 유아식을 할 땐 가염버터로는 간을 조절하기 어려워서 무염버터를 더 추천해요. 무염버터를 고를 땐 유지방 함량이 90% 이상, 소금 및 발효균 외에는 어떤 첨가물도 들어가지 않은 것을 추천합니다.

오일(식용유)

오메가 6의 비중이 높은 식물성 오일은 가급적이면 피하고, 과육에서 추출한 오일을 추천합니다. 그중 산도가 낮은 올리브오일이나, 아보카도오일을 추천해요. 특히나 압착해서 짠 올리브오일은 비타민 E, 올레인산, 폴리페놀 등이 함유돼서 다양한 효능을 가지고 있습니다. 올리브유 중에서도 퓨어pure 올리브유가 아닌 엑스트라버진extra virgin 올리브유와 같이 산도가 낮은 제품은 발연점이 높아서 요리유로 사용할 수 있습니다.

된장

국산 콩을 사용하고 화학 첨가물이나 인공조미료가 들어가지 않은 제품을 고르는 게 좋아요.

굴소스

국내산 재료를 사용하고 첨가물이 들어 있지 않은 제품을 고르는 게 좋아요.

간장

첨가물이 없고, 식품 유형을 확인해 산분해간장이 아닌 한식간장을 골라야 합니다. 식품 유형이 혼합간장인 것은 첨가물을 넣어 짧은 시간 안에 만들어 낸 산분해간장이에요. 한식간장이라고 표기돼 있는 것이 첨가물 없이 순수한 발효를 거쳐 만든 자연숙성 간장이랍니다. 레시피에 등장하는 '아기간장'은 일반 간장에 비해 염도가 낮은 제품을 말해요. 저염 간장이 아닌 일반 간장을 사용할 경우 레시피 계량에서 1/2 정도 가감해서 사용하면 됩니다.

당(설탕, 시럽 등)

단맛을 내는 용도로 사용되는 제품은 다양해요. 그중에서도 정제된 백색 설탕이나 합성 또는 인공 감미료는 피하는 것이 좋고, 되도록 혈당지수를 나타내는 GI Glycemic index가 낮은 제품을 선택하는 것이 좋아요. 이 책 레시피에서 자주 사용되는 아가베시럽은 설탕보다 칼로리와 GI가 낮고 미네랄과 섬유질을 함유하고 있는 설탕 대체제입니다. 대체당으로는 알룰로오스, 메이플시럽, 조청, 꿀 등이 있으니 알맞게 선택해 사용하면 됩니다.

치즈

레시피에 등장하는 대부분의 '아기치즈'는 슬라이스 된 치즈로 염분이 매우 적은 아이용 치즈예요. 아이의 개월 수에 맞춰 단계별로 구매하면 됩니다. 종종 등장하는 고체 치즈는 그라나파다노 Grana Padano 또는 파르미지아노 레지아노 Parmigiano Reggiano를 강판에 갈아서 사용합니다. 간이 있는 편이라 소량만 사용하거나 소금 대신 사용하면 풍미가 훨씬 좋아요.

치킨스톡

치킨스톡은 닭고기, 채소, 향신료로 우려내 만든 닭고기육수입니다. 음식에 깊은 맛을 더해주는 역할을 하며 치킨스톡을 고를 땐 MSG, 보존료 등이 들어가지 않은 제품을 추천합니다.

참기름, 들기름

국산 참깨, 들깨로 압착한 제품을 골라 사용하는 것이 좋아요.

마요네즈

시판 마요네즈의 기본 재료는 오일, 달걀, 식초예요. 달걀 알레르기가 있다면 꼭 확인하고 구매하는 게 좋습니다. 제품을 고를 때는 첨가물이 적고 올리브오일이나 아보카도오일로 만들어진 마요네즈를 선택하는 게 좋아요. 가장 좋은 방법은 이 책에서 소개하는 두부마요네즈 레시피를 활용해 직접 마요네즈를 만들어보는 것이랍니다.

Basic Guide

비법 기본 육수

요리에서 육수는 가장 기본 베이스이며 음식의 맛을 좌우할 만큼 큰 역할을 해요. 이유식과 유아식에서는 어른식에 비해 사용할 수 있는 양념이 한정적이라 모든 요리에 육수는 꼭 사용하는 걸 추천합니다. 특히나 무염식을 하는 경우에는 육수와 신선한 재료만이 요리의 감칠맛을 높일 수 있어 아이가 좀 더 맛있게 먹을 수 있을 것입니다.

이유식과 유아식에 두루두루 사용되는 기본 육수입니다. 덮밥류나 달걀찜, 크림파스타에도 사용되며 채수로 조리한 음식은 깔끔하고 감칠맛이 좋아집니다.

재료 물 2L, 양파 350g(중간 크기 2개), 대파 70g(1대), 사과 200g(중간 크기 1개), 무 400g(1/3토막), 표고버섯 50g(4개)

재료 손질
① 양파는 깨끗이 헹구고 겉껍질을 깐 다음 2등분해주세요.
② 대파는 뿌리까지 깨끗하게 씻고 큼직하게 썰어주세요.
③ 사과는 베이킹소다로 껍질을 깨끗하게 씻고 헹궈준 다음 2등분해주세요.
④ 무는 껍질을 필러로 깎고 큼직하게 썰어주세요.
⑤ 표고버섯은 물로 헹구지 않고 키친타월로 겉에 묻은 먼지 등 이물질만 가볍게 털어주세요.

레시피 큰 냄비에 모든 재료를 넣은 다음 강불에 올려두고 물이 끓어오르면 약불로 줄여 20분 정도 끓여주세요. 고운체에 육수를 걸러주세요.

대표적인 해물육수는 시원한 멸치육수예요. 보리멸과 건새우를 함께 넣어 깊은 맛이 나고 감칠맛이 좋아서 다양한 국물 요리에 활용이 가능합니다.

재료 물 2L, 양파 350g(중간 크기 2개), 대파 70g(1대), 무 250g(1/4 토막), 멸치 중간 크기 15~20마리, 절단된 다시마 작은 사이즈 5~7장, 디포리 5마리, 건새우 20~30마리

재료 손질
① 양파는 깨끗이 헹구고 겉껍질을 깐 다음 2등분해주세요.
② 대파는 뿌리까지 깨끗하게 씻고 큼직하게 썰어주세요.
③ 무는 껍질을 필러로 깎고 큼직하게 썰어주세요.
④ 멸치는 똥과 내장을 제거하고 마른 팬에 보리멸, 건새우와 함께 약불에서 1분 정도 볶아주세요.

레시피 큰 냄비에 물과 손질된 모든 재료를 넣고 강불에 올려주세요. 물이 끓어오르면 다시마를 건져내고 약불에서 10분 정도 끓여준 다음 고운체에 육수를 걸러주세요.

고기육수는 본연의 깊은 맛도 좋지만 채소와 함께 끓여내면 보다 더 풍부한 영양소의 섭취가 가능해요. 고기육수를 끓일 때에는 올라오는 하얀 거품을 걷어내면서 약불에서 천천히 끓여내면 맛이 더욱 깊고 깔끔해진답니다. 면 요리나 볶음 요리에 다양하게 활용해보세요!

재료 물 4L, 무 250g(1/4 토막), 대파 70g(1대), 양파 180g(중간 크기 1개), 표고버섯 50g(4개), 소고기 500g(우둔살 또는 양지)

재료 손질
① 무는 껍질을 필러로 깎고 큼직하게 썰어주세요.
② 대파는 뿌리까지 깨끗하게 씻고 큼직하게 썰어주세요.
③ 양파는 깨끗이 헹구고 겉껍질을 깐 다음 2등분해주세요.
④ 소고기는 찬물에 1시간 이상 담가서 핏물을 빼주세요.
⑤ 표고버섯은 물로 헹구지 않고 키친타월로 겉에 묻은 먼지 등 이물질만 가볍게 털어내주세요.

레시피 큰 냄비에 핏물을 제거한 소고기와 물을 넣고 강불에 올려주세요. 거품이 올라오면 걷어내고 나머지 재료를 모두 넣고 약불에서 1시간 정도 푹 끓여주세요. 체에 육수를 걸러주세요. 육수를 우려낸 소고기는 잘게 찢어 장조림을 만들어도 좋아요.

Tip! 육수 보관법

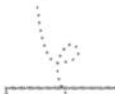

* 완성된 육수는 한 김 식힌 후 육수 소분 팩에 나눠 담아 두세요. 3일 안에 사용할 것은 냉장 보관, 그 외의 육수는 냉동 보관하면 됩니다. 냉동 보관한 육수는 한 달 이내에 섭취하는 것이 좋아요.

Basic Guide

홈 메이드 소스 레시피

토마토소스

토마토소스는 한 번 만들어서 소분한 뒤 냉동실에 넣어두면 활용도가 정말 높은 소스예요. 서윤이가 돌쯤엔 올리브오일에 양파와 마늘을 먼저 볶다가 토마토소스를 듬뿍 넣은 다음 삶은 파스타면과 아기치즈 1장 넣어 버무려주면 정말 잘 먹었어요!

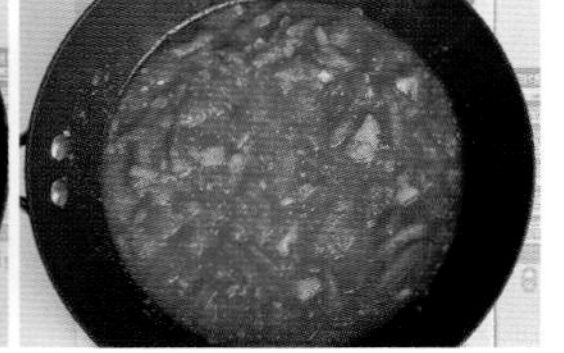

재료

아이와 엄마가
여러 번 먹을 수 있는 양

토마토	6개(530g)
양파	90g
사과	60g
다진 마늘	1큰술
올리브오일	1큰술
오레가노	1/2작은술
올리고당	1큰술 (생략 가능)

레시피

1 토마토는 십자 모양으로 칼집을 내고 끓는 물에 넣어 1분 정도 데친 다음 껍질을 제거하고 작게 썰어주세요. 양파는 작게 다지고 사과는 강판에 갈아주세요.

2 약불로 달군 팬에 올리브오일을 두르고 다진 마늘, 양파를 넣어 양파가 갈색이 될 때까지 볶아주세요.

3 1 토마토, 강판에 간 사과즙, 오레가노를 넣고 원하는 농도가 될 때까지 끓여주다가 올리고당을 넣고 잘 저어주세요.

Tip!

* 올리고당은 토마토의 신맛에 따라 생략해도 좋아요. 신맛이 강할수록 올리고당을 추가해주세요.
* 토마토소스는 먹을 양만큼 사용 후 소분해 냉동으로 보관해두고 사용하면 좋아요.

두부마요네즈

첫 유아식을 시작하고 구매하기 찜찜했던 소스류 중 하나가 마요네즈였어요. 대부분의 시판 마요네즈에는 첨가물이 많이 들어 있어서죠. 직접 두부마요네즈를 만들어두면 일주일 정도는 찐 야채스틱을 찍어 먹거나 주먹밥도 만들 수 있고 다양하게 활용이 가능해요.

재료

아이와 엄마가
여러 번 먹을 수 있는 양

두부	230g
올리브오일	2큰술
캐슈너트 (또는 땅콩)	15g
소금	1~2꼬집
아가베시럽	1큰술
레몬즙	1작은술

레시피

1 두부를 전자레인지에서 1분 정도 돌린 다음 면보에 넣고 물기를 꾹 짜주세요.

2 1두부와 모든 재료를 믹서에 넣고 곱게 갈아주세요.

Tip!

* 밀폐 용기에 담은 두부마요네즈는 일주일 정도 보관이 가능해요.

두부쌈장

아이들이 먹기에 부담 없고 짜지 않은 두부쌈장은 밥에 슥슥 비벼줘도 맛있고, 푹 쪄낸 양배추쌈에 넣어주면 정말 맛있어요! 서윤맘은 레시피 분량으로 만든 뒤 반 정도 덜어서 어른식 양념장을 더해 유아식용, 어른식용 두 가지를 만들어 아이와 함께 먹어요.

재료

아이와 엄마가
여러 번 먹을 수 있는 양

두부	180g
애호박	60g
양파	55g
대파	20g
된장	2큰술
다진 마늘	1작은술
올리고당	1작은술
참기름	1작은술
채수	200ml
부순 참깨	1/2큰술

레시피

1 양파, 애호박, 대파를 작게 다져주세요.
2 두부는 면모로 꾹 눌러 물기를 짜주세요.
3 중불로 달군 팬에 오일을 두르고 다진 양파, 다진 대파, 다진 마늘을 넣고 볶아주세요.
4 두부를 넣어 으깨고 육수를 붓고 된장을 넣은 다음 끓여주세요.
5 육수가 어느 정도 졸아들면 올리고당을 넣고 한소끔 더 끓이다가 참기름, 부순 참깨를 넣고 버무려주세요.

Tip!

* 어른식에는 된장 1큰술, 고추장 1큰술을 추가해주면 좋아요.

라구소스

슈퍼푸드라 불리는 토마토. 토마토에 포함된 항산화 성분인 라이코펜 성분은 지용성이기 때문에 기름으로 조리하면 30% 이상 더 많은 라이코펜을 섭취할 수 있어요. 별도의 첨가물 없이 건강하고 맛있게 만들 수 있는 라구소스 레시피를 소개할게요. 한 번 만들고 소분해 냉동 보관해 두면 다양한 요리에 활용할 수 있어요.

재료

아이와 엄마가
여러 번 먹을 수 있는 양

토마토	2개(450g)
소고기 다짐육	200g
양파	180g
양송이	50g
다진 마늘	1큰술
맛술	1큰술
무염버터	10g
치킨스톡	5g
소금	2꼬집

레시피

1 토마토를 십자 모양으로 칼집을 내고 끓는 물에 넣어 40초 정도 데쳐주세요. 찬물에 담가 식히고 껍질을 떼어낸 뒤 작게 썰어주세요. 양파와 양송이버섯도 잘게 다져주세요.

2 약불로 달군 팬에 무염버터를 넣고 다진 마늘과 양파를 넣어 볶아주세요.

3 양파가 갈색이 될 때까지 볶다가 소고기 다짐육을 넣고 볶아주세요.

4 소고기가 익으면 양송이버섯, 토마토를 넣어 볶다가 약불로 줄이고 뚜껑을 덮어 재료들의 채수가 나올 수 있도록 20분 정도 끓여주세요.

5 실리콘 주걱으로 토마토를 눌러서 으깨고 저어준 다음 치킨스톡, 소금을 넣어 간을 해주세요.

* 치킨스톡은 생략이 가능하지만 넣으면 훨씬 맛있기 때문에 넣어볼 것을 추천합니다.
* 4 과정에서 중간 중간 저어가며 눌어붙지 않도록 해주시고 불을 최대한 약한 불로 조절해주세요.

Seoyoon MOM's Recipe

PART
2.

실전!
유아식 레시피

How to

서윤맘 레시피를 보는 법

'실전! 유아식 레시피' 파트는 SNS에서 특별히 반응이 좋았던 검증된 레시피를 서윤맘이 직접 엄선하고 추가해 7가지로 분류해서 소개합니다. 아이주도 유아식을 시작하는 초보맘을 위한 스타트 메뉴부터 유동식 & 간편식, 한 그릇 밥 요리, 든든한 국물 요리, 맛있는 반찬, 고기 & 생선 요리, 특별식까지 다양하고 많은 요리를 만나볼 수 있어요!

레시피 상세 가이드

- 이 책에서 사용하는 계량 단위의 정확한 양은 다음과 같습니다.

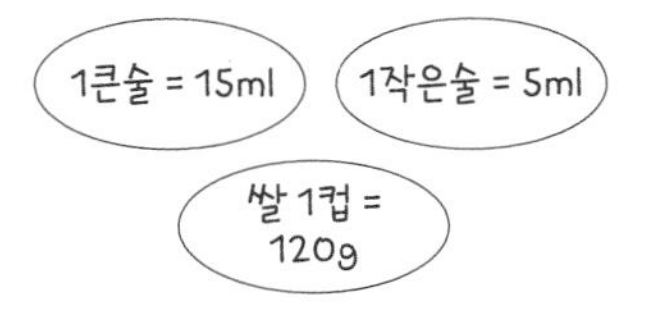

- 생물 식재료를 손질하는 방법은 42쪽을 참조해주세요.
- 레시피에 사용하는 재료를 고를 때는 45쪽을 참조해주세요.
- 서윤맘의 모든 레시피에서는 물 대신 육수를 사용합니다. 기본 육수 만드는 법은 48쪽을 참조해주세요. 간단한 시판 육수를 사용할 수도 있어요.
- 레시피에 사용하는 홈 메이드 소스 만드는 법은 50쪽을 참조해주세요.

완성 요리

밥에 흥미가 없는 아이에게는 귀여운 식기에 음식을 보기 좋게 담아주는 것만으로도 식사 시간의 집중도를 올릴 수 있답니다.

재료

요리를 만드는 데 필요한 재료와 용량을 표기했어요. 양념이나 밑간이 들어가는 요리의 경우 양념과 밑간의 재료를 따로 분리했답니다. 아이의 입맛에 따라 기본 용량을 조절해서 활용하면 됩니다.

재료

아이와 엄마가
1회씩 먹을 수 있는 양

돼지목살	120g
파인애플	50g
양파	40g
당근	25g
전분가루	1컵
전분물	1큰술(전분1:물2)

[양념]

물	150ml
아기간장	1큰술
맛술	1작은술
아가베시럽	1/2큰술
레몬즙	1/2작은술
굴소스	1/2작은술

[고기 밑간]

소금, 후추	약간씩

Tip!

- 닭다리살, 새우, 돼지고기 안심 부위로도 대체 가능해요.
- 어른식에는 돼지목살에 밑간을 조금 더해주고, 간장 2큰술, 사과식초 1/2작은술, 고춧가루 1/2작은술로 양념장을 만들어 찍어 드시면 훨씬 맛있어요.

레시피

1 양파, 당근, 파인애플은 먹기 좋은 크기로 썰어주세요.

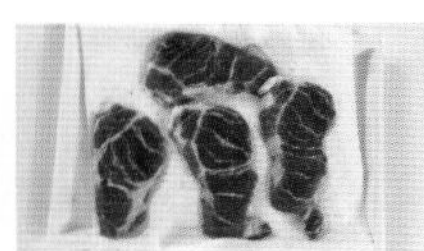

2 돼지목살은 키친타월로 꾹 눌러 핏물 제거해주고 소금, 후추로 밑간을 해주세요.

3 돼지목살은 앞뒤로 전분가루를 골고루 묻혀주세요.

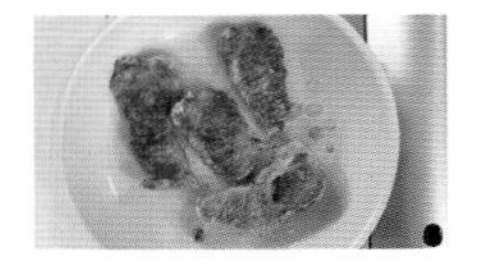

4 중불로 달군 팬에 오일을 넉넉히 두르고 돼지목살을 튀기듯 구워주세요.

5 구운 돼지목살은 잠시 빼두고 팬을 깨끗이 닦은 뒤 오일을 조금 두르고 양파와 당근을 넣고 볶아주세요.

6 양파가 익으면 파인애플을 넣어 살짝만 볶다가 양념 재료를 부어주고 2분 정도 끓여주세요.

7 전분물을 붓고 빠르게 저어준 뒤 불을 끄고 나서 구운 돼지목살을 넣어 골고루 버무려주세요.

요리 분량

완성된 요리를 아이와 엄마가 함께 먹을 수 있는 횟수로 표기했어요. 아이도, 엄마도 맛있게 먹을 수 있는 레시피이기에 매번 아이 밥을 따로 준비해야 하는 부담에서 벗어날 수 있어요.

레시피 설명

요리를 만드는 과정을 자세히 설명했어요. 재료 손질부터 조리 방법까지 순서대로 배치했으니 찬찬히 따라 하시면 누구나 맛있는 요리를 완성할 수 있습니다.

Tip!

음식에 풍미를 한층 더해줄 서윤맘만의 요리 팁을 알려드립니다. 또한 유아식에 약간의 추가만으로 모두 맛있게 먹을 수 있게 하는 어른식 양념 팁도 표기돼 있어요.

1장

유아식 START 메뉴 11

Start Menu of Baby Food 11

'어떤 음식을 어떻게 먹여야 할까?' 많은 부모가 이유식에서 유아식으로 넘어가야 할 때
막막하고 걱정이 많으실 거예요. 저 또한 그랬고요.
죽 형태의 이유식을 먹던 아이들이 유아식으로 넘어갈 때나,
고형식으로 아이주도 식사를 하는 아이들이 함께 먹을 수 있는 메뉴 열한 가지를 담아봤어요.
대부분 아이 혼자서 쉽게 먹을 수 있는 핑거 푸드의 메뉴들이라
스푼 피딩을 하던 아이들도 셀프 피딩을 시도해볼 수 있는 기회가 될 거예요.

닭고기고구마밥머핀

아이가 스스로 손에 쥐고 먹기 편한 메뉴라서 자기주도 식사를 시작하는 아이들에게 좋은 메뉴예요.
단백질, 탄수화물, 식이섬유가 포함돼 있어서 균형 있고 든든한 한 끼가 된답니다.

아이가 1~2회 먹을 수 있는 양

닭고기 다짐육	50g
고구마	20g
당근	10g
밥	70g
달걀	1개
아기치즈	1장

1 당근과 고구마를 잘게 다지고 고구마는 찬물에 10분 정도 담가두세요.
2 믹싱 볼에 치즈를 제외한 모든 재료를 넣고 섞어주세요.
3 머핀 틀에 골고루 담고 170℃ 오븐에서 15분 동안 구워주세요.
4 아기치즈 한 조각을 올려주세요.

* 굽지 않고 촉촉하게 찌려면 찜기에서 17~20분 정도 쪄주세요. 간이 필요한 경우 카레가루도 좋고 소금만 더해줘도 좋아요.

닭고기치즈밥스틱

아이가 혼자 손에 쥐고 먹기 좋은 밥스틱이에요.
질 좋은 버터를 사용하면 만드는 동안 버터 향 때문에 저까지도 입맛이 절로 돈답니다.
서윤이도 10개월부터 잘 먹었던 메뉴랍니다!

재료

아이가 1회 먹을 수 있는 양

닭 안심	55g
애호박	25g
당근	10g
밥	80g
무염버터	5g
아기치즈	1/2장
채수	150ml

레시피

1 애호박, 당근을 작게 다진 후 팬에 채수를 부어 끓으면 다진 애호박, 당근을 넣어 물볶음을 해주세요.

2 애호박이 익으면 다진 닭 안심을 넣고 육수가 졸아들 때까지 볶아주세요.

3 다진 채소, 닭고기, 밥, 무염버터, 아기치즈를 잘라 넣고 잘 섞어 먹기 좋은 크기로 모양을 내주세요.

Tip!

* 손에 묻지 않게 하려면 에어프라이어나 오븐에서 살짝 구워주세요.
* 가염을 한다면 아기간장이나 소금으로 해주세요.

닭고기단호박오트밀스틱

식재료 궁합이 좋은 닭고기와 단호박을 이용해 만든 유아식 스타트 메뉴예요.
대체로 죽 형태의 식사만 하던 이유식에서 고체 형태의 음식물을 섭취하게 되는
유아식으로 넘어가는 단계에서 섭취하기 좋게끔 만든 레시피예요.
아이 혼자 손에 쥐고 먹으며 탐색하기 좋은 메뉴입니다.

아이가 2~3회 먹을 수 있는 양

닭 안심	30g
단호박	60g
오트밀가루	2큰술
아몬드밀크	2작은술
쌀가루	1작은술

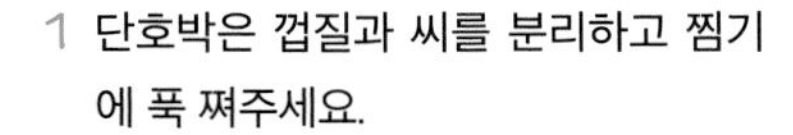

1 단호박은 껍질과 씨를 분리하고 찜기에 푹 쪄주세요.

2 닭 안심은 손질 후 작게 다져주세요.

3 단호박을 으깨고, 2 닭 안심, 오트밀가루, 아몬드밀크, 쌀가루를 넣고 반죽을 만들어주세요.

4 먹기 좋은 두께의 스틱 모양으로 만들어준 다음 180℃ 오븐에서 15분 동안 구워주세요.

* 아몬드밀크는 분유물이나 우유로도 대체 가능해요.
* 단호박의 수분량에 따라 반죽이 너무 질거나 되직할 때는 아몬드밀크와 쌀가루를 조절해주세요.

비트당근소고기전

영양소가 풍부한 비트는 다소 딱딱하고 아삭한 식감으로 아이가 먹기엔 부담스러워요.
강판에 갈아 전으로 구워주면 은은한 단맛으로 다른 간을 더하지 않아도 맛있답니다.

재료

아이가 1회 먹을 수 있는 양

비트	40g
당근	20g
소고기 다짐육	25g
쌀가루	2큰술
물	1큰술

1 비트와 당근을 강판에 갈아주세요.

2 소고기는 키친타월로 꾹 눌러 핏물을 제거하고 1 간 비트, 당근과 쌀가루, 물을 넣고 골고루 섞어 반죽을 만들어주세요.

3 약불로 달군 팬에 오일을 두르고 키친타월로 가볍게 닦아낸 뒤 반죽을 적당히 덜어서 올린 다음 앞뒤로 노릇하게 구워주세요.

* 쌀가루는 식힌 밥으로 대체해도 좋아요.

새우애호박밥볼

아직 오일을 사용해 요리한 음식이 부담스러운 아이들을 위해
채수를 사용해 감칠맛 나게 물볶음으로 만든 유아식 스타트 메뉴입니다.
아이 혼자서 손으로 쥐고 입에 넣기 좋은 사이즈로 만들어보세요.

재료

아이가 1회 먹을 수 있는 양

새우	20g
애호박	25g
채수	150ml
밥	80g
참기름	1/2작은술

레시피

1 애호박과 손질한 새우를 작게 다져주세요.
2 팬에 채수를 붓고 애호박을 넣어 물볶음을 해주세요.
3 애호박이 반 정도 익으면 새우를 넣고 볶아서 익혀주세요.
4 밥에 3 애호박과 새우를 넣고 참기름을 넣어 골고루 비벼준 다음 먹기 좋은 크기로 모양을 내주세요.

Tip!

* 가염을 원한다면 아기간장이나 소금을 추가해주세요.

흰살생선완두콩밥볼

완두콩은 단백질뿐만 아니라 각종 비타민, 미네랄, 칼슘 등
성장기 어린이에게 꼭 필요한 영양소가 많이 함유돼 있어요.
완두콩이 제철인 4~6월에 구입해 냉동 보관해두면 1년 내내 신선한 완두콩을 섭취할 수 있으니
참고해서 사계절 내내 맛있는 완두콩으로 다양한 요리를 만들어주세요.

아이가 2회 먹을 수 있는 양

손질 가자미	25g
완두콩	10g
밥	80g
참기름	1/2작은술
부순 참깨	1/2작은술
채수	60ml

1 완두콩을 찬물에 담가 20분 정도 불리고 속껍질을 제거해주세요.

2 팬에 채수를 붓고 완두콩을 넣어 육수가 모두 졸아들 때까지 물볶음 해주세요.

3 완두콩이 부드럽게 익으면 옆으로 밀어놓고 가자미살을 올려 앞뒤 모두 노릇하게 구워주세요.

4 밥에 완두콩과 구운 가자미살, 참기름과 부순 참깨를 넣고 골고루 섞어 먹기 좋은 크기로 동그랗게 모양을 내주세요.

Tip!

* 완두콩과 가자미살을 함께 넣고 육수에 졸여도 좋아요.
* 완두콩이 익기 전에 육수가 졸아 없어지면 조금 더 추가해서 부드럽게 익혀주세요.

노른자브로콜리밥볼

단백질 식품으로 대표적인 달걀을 사용해 노랗게 색을 낸 레시피예요.
특히 달걀노른자는 우유보다 두 배 많은 비타민 D를 함유해서
성장기 아이들에게 꼭 필요한 식품이지요.
뼈를 형성하고 튼튼하게 유지하는 데 이로운 달걀노른자를 활용한 밥볼을 소개할게요.

재료

아이가 1회 먹을 수 있는 양

브로콜리	20g
닭 안심	25g
밥	60g
달걀	1개(노른자만 사용)

레시피

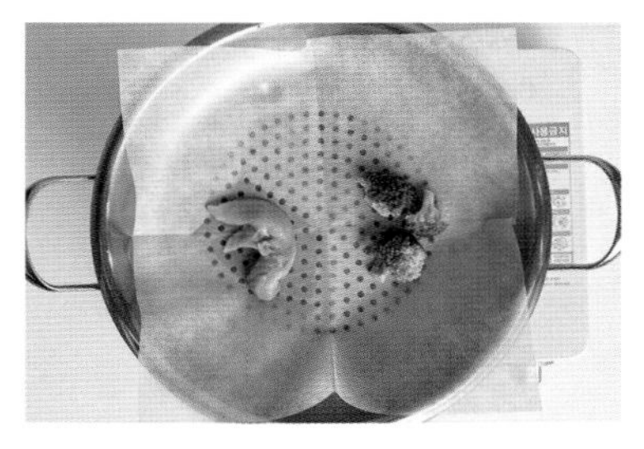

1 손질한 닭 안심과 브로콜리를 찜기에 넣어 끓는 물에 5분간 쪄주세요.

2 1 쪄서 익힌 브로콜리와 닭 안심을 작게 다져주세요.

3 2 다진 재료에 밥을 넣고 골고루 섞은 다음 먹기 좋은 크기로 동그랗게 말아 주세요.

4 삶은 노른자는 체에 갈아 곱게 내려주세요.

5 3 밥볼을 노른자에 굴려 골고루 묻혀 주세요.

Tip!

* 간이 필요하다면 소금 한 꼬집이나, 아기간장 1/2작은술을 넣어주세요.

닭고기스틱

여러 가지 야채를 다져 넣은 닭고기스틱이에요.
자기주도식 핑거 푸드로 아이 혼자서도 쉽게 잘 먹을 수 있고,
편식하는 야채도 골고루 먹일 수 있어 좋답니다.

아이와 엄마가
2회 정도 먹을 수 있는 양

닭 안심	120g
양파	20g
브로콜리	10g
당근	18g
애호박	10g
채수	3큰술
전분가루	2큰술

1 손질된 닭 안심, 당근, 양파, 애호박을 작게 다져주세요.

2 약불로 달군 마른 팬에 1 다진 채소를 넣어 수분을 날려가며 볶아주세요.

3 2 볶은 채소는 익으면 접시에 덜고 넓게 펼쳐 식혀주세요.

4 다진 닭 안심, 3 볶은 채소, 전분가루, 채수를 넣고 골고루 섞어 반죽을 만들어주세요.

5 반죽을 조금씩 떼어내 네모나게 빚어주세요.

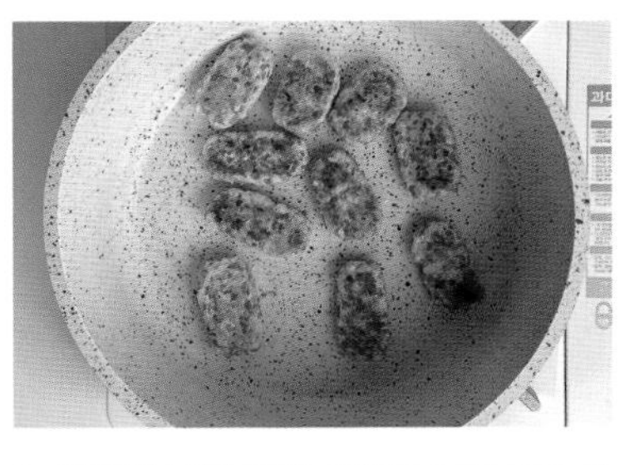

6 약불로 달군 팬에 오일을 넉넉하게 두르고 5 반죽을 올려 앞뒤 모두 노릇하게 구워주세요.

* 반죽이 너무 두꺼우면 속까지 익히기 힘들어요. 두께는 1.5cm 정도가 적당해요.

소고기감자스틱

소고기완자나 스틱은 수분이 부족한 재료를 선택한다면
퍽퍽해서 아이들이 잘 안 먹을 수 있어요.
으깬 감자를 넣어 촉촉하고 부드럽게 만든 소고기스틱이에요!

재료

아이가 여러 번 먹을 수 있는 양

소고기다짐육	180g
감자	60g
양파	50g
양송이버섯	30g
전분가루	3큰술
소금	1~2꼬집
무염버터	5g

레시피

1 양파, 양송이 버섯을 작게 다져서 중불로 달군 마른팬에 볶은 다음 잠시 식혀주세요.

2 감자는 필러로 껍질을 제거하고 찜기에 푹 찐 다음 무염버터를 넣고 으깨어주세요.

3 소고기는 키친타올로 꾹꾹 눌러 핏물을 제거하고 1 볶은 양파, 버섯, 2 찐감자를 함께 섞고 전분가루, 소금을 넣어 반죽해주세요.

4 3 반죽을 조금씩 떼어내 손으로 주먹을 쥐듯 꾹꾹 눌러가며 모양을 내고 180℃ 오븐에 15분 구워주세요

Tip!

* 중약불로 달군 팬에 오일을 두르고 굴려가며 구워주면 훨씬 더 맛있어요.
* 구운 소고기감자스틱은 소분해서 밀폐 용기에 담고 냉동해뒀다가 먹기 직전 에어프라이어 또는 전자레인지에 살짝 돌려주세요.

아보카도소고기머핀

'녹색황금'이라 불릴 만큼 영양소가 많은 아보카도를 활용한 머핀이에요.
이유식부터 유아식까지 빼놓을 수 없는 소고기와 함께 섞어 촉촉하게 구워낸 핑거 푸드랍니다.

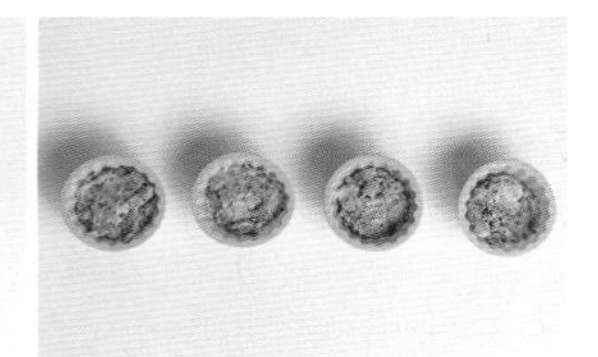

아이가 1회 먹을 수 있는 양

소고기 다짐육	25g
아보카도	50g
채수	2큰술
쌀가루	1큰술
오트밀	1작은술

1 소고기는 키친타월에 올려 꾹 눌러 핏물을 제거하고 아보카도는 으깨어주세요.
2 중불로 달군 팬에 채수를 붓고 소고기를 넣어 물이 다 졸아들고 고기가 익을 때까지 물볶음을 해주세요.
3 2 익힌 소고기와 모든 재료를 함께 넣고 잘 섞어주세요.
4 머핀 틀에 나눠 담고 170℃ 오븐 또는 에어프라이어에 8분, 뒤집어서 5분 정도 구워주세요.

Tip!

* 머핀 틀에 굳이 담지 않고 볼처럼 굴려서 만들어도 좋아요.

한우애호박양배추밥머핀

이유식에서 유아식으로 넘어온 아이가 부담 없이 먹기에 좋은 핑거 푸드예요.
찜기에 찌거나 간을 추가해 오븐에 구워주면 더 잘 먹어요!

아이가 1회 먹을 수 있는 양

소고기다짐육	20g
애호박	18g
양배추	15g
밥	65g
달걀	1개
채수	3큰술

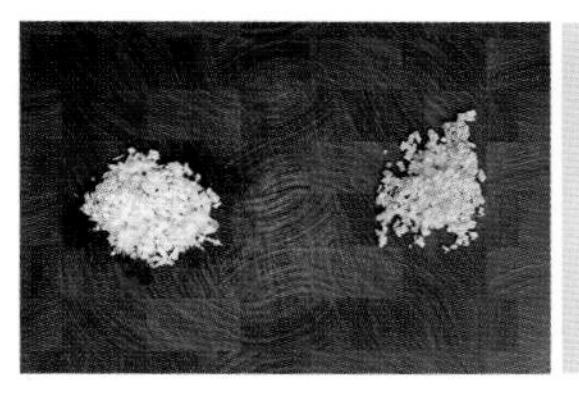

1 양배추와 애호박을 작게 다져주세요.
2 소고기는 키친타월로 꾹 눌러 핏물을 제거하고 분량의 모든 재료를 섞어 반죽을 만들어주세요.
3 2 재료를 머핀 틀에 붓고 물이 끓는 찜기에 넣어 15분간 쪄주세요.

* 저염식을 할 경우 아이간장이나 소금을 넣어 간을 맞춰주세요.

2장

유동식 & 간편식

Liquid & Easy Meals

분주하고 바쁜 아침이나 오래 조리할 시간이 없을 때
빠르게 만들어주기 좋은 메뉴를 소개할게요.
간단하지만 영양을 가득 챙겨줄 수 있는 레시피들이기도 하고요.
저는 다음 날 아침 메뉴를 미리 간단하게라도 생각해두는 편인데
죽이나 수프는 밤에 만들어두었다가 아침에 빠르게 데워주기도 해요.

새우달걀죽

아침으로 자주 만들어주던 메뉴예요.
새우를 좋아하는 서윤이 덕분에 냉동실에는 새우가 떨어질 날이 거의 없거든요.
무얼 만들어줄까 고민될 땐 그 해답은 역시 새우달걀죽이었어요!

아이와 엄마가
1회씩 먹을 수 있는 양

새우	40g
당근	15g
양파	20g
달걀	1개
밥	100g
참기름	1작은술
부순 참깨	1/2큰술
해물육수	500ml
새우젓	1작은술

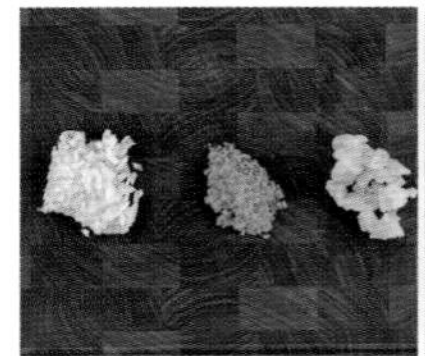

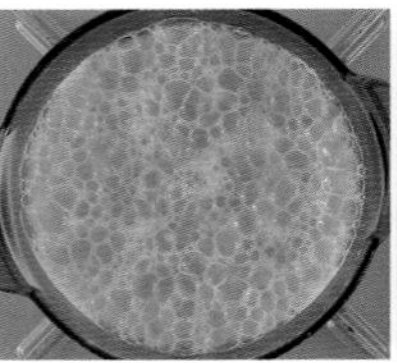
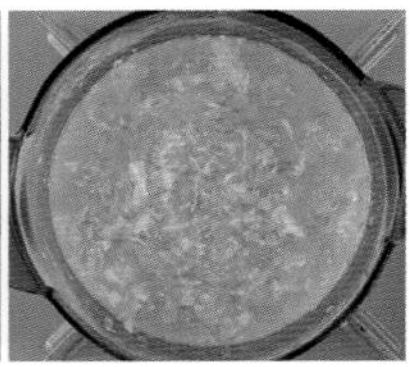

1 새우는 손질 후 먹기 좋은 크기로 썰어주세요. 양파와 당근은 작게 다져주세요.
2 냄비에 참기름을 넣고 약불에 올려 1 당근, 양파, 새우를 넣어 볶아주세요.
3 육수를 붓고 밥을 넣어 끓어오르면 중불에서 한소끔 끓여주세요.
4 밥알이 푹 퍼지면 달걀물을 동그랗게 부어 익히고 새우젓을 넣어 간을 해주세요. 그릇에 옮겨 담은 뒤 부순 참깨를 뿌려 마무리해주세요.

Tip!

* 새우젓은 국간장으로 대체 가능해요.

미역해물죽

하루 이틀 푹 끓여낸 미역국에 밥을 말아먹으면 정말 맛있잖아요.
딱 그 맛이에요.

아이와 엄마가
1회씩 먹을 수 있는 양

불린 미역	30g
모둠 해물	50g
밥	100g
해물육수	200ml
아기국간장	1작은술
참기름	1작은술
다진 마늘	1작은술
부순 참깨	1/2큰술

1 냄비에 참기름을 두르고 다진 마늘과 불린 미역을 넣어 약불에 올려 볶아주세요.
2 각 해물은 손질 후 먹기 좋은 크기로 썰어주세요.
3 1 육수를 붓고 끓어오르면 2 해물을 넣어주세요.
4 해물이 익으면 밥을 넣고 중불에서 저어가며 끓여주세요. 부순 참깨를 뿌려 마무리 해주세요.

Tip!

* 어른식에는 국간장과 소금을 추가해 간에 맞게 드세요.

구기자닭죽

인삼, 하수오와 함께 3대 명약으로 꼽히는 구기자를 우려낸 물로 만든 닭죽이에요.
구기자는 블루베리나 라즈베리와 마찬가지로 강력한 항산화 성분인
비타민 C와 비타민 A가 풍부하게 함유돼 있어
면역력을 높여주고 감기와 같은 질병을 예방해주기도 합니다.

재료

아이와 엄마가
여러 번 먹을 수 있는 양

닭 안심	85g
애호박	30g
당근	35g
물	600ml
참기름	1큰술
부순 참깨	1작은술
맛술	5g
구기자	1작은술
쌀	2컵
찹쌀	1/2컵

레시피

1 쌀과 찹쌀을 깨끗이 씻고 물에 담가 30분 이상 불려주세요. 구기자는 흐르는 물에 한 번 씻고 물에 담가 2시간 정도 우려내주세요.

2 애호박과 당근은 작게 다져주고 닭 안심은 작게 다진 다음 맛술을 넣고 버무린 다음 20분 정도 두세요.

3 약불로 달군 냄비에 참기름을 두르고 다진 당근과 다진 애호박을 넣고 볶아주세요.

4 당근이 반 정도 익으면 2 닭 안심을 넣고 볶아주세요.

5 닭 안심이 익으면 불린 쌀과 찹쌀을 넣어 1분 정도 볶은 다음 1 구기자 우린 물을 넣어주세요.

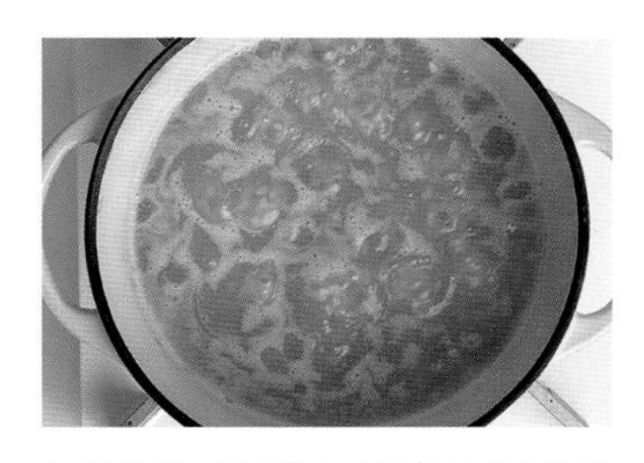

6 물이 끓으면 약불로 줄이고 쌀이 푹 익을 때까지 저어가며 끓여주세요.

Tip!

* 먹기 전에 아이나 어른의 간에 맞게 소금으로 조절해주세요.
* 쌀이 푹 퍼지기 전에 육수가 졸아들면 조금씩 추가해가며 끓여주세요.

감자수프

수프는 한 냄비 끓여두면 소분하고 냉동 보관해둔답니다.
아침에 간단하게 빵이랑 같이 내어줬어요.
비상식량으로 만들어두면 바쁜 아침이나 주말에
한 끼 식사로도 손색없이 든든히 챙길 수 있답니다.

재료

아이와 엄마가
여러 번 먹을 수 있는 양

감자	중간 크기 4개(300g)
양파	1/2개(120g)
우유	300ml
생크림	100ml
무염버터	2조각(20g)
아기치즈	1장

Tip!

* 생크림 생략 시 우유를 100ml 추가하고 아기치즈 2장을 넣어주세요.
* 간은 먹기 전에 소금으로 해주세요.
* 크루통을 곁들일 경우, 식빵을 큐브 모양으로 잘라 마른 팬에 굽거나 에어프라이어 또는 오븐에 구워주면 됩니다.

레시피

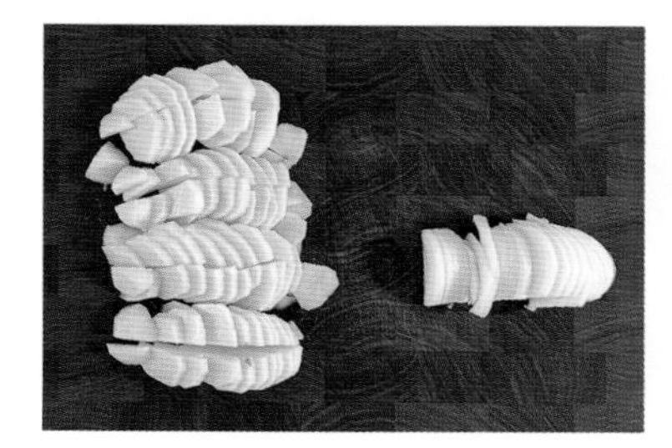

1 감자와 양파를 얇게 썰어주세요.

2 냄비에 감자를 넣고 물을 잠길 듯 말 듯 부어 끓어오르면 중불로 줄이고 5분간 삶아주세요. 체에 밭쳐 물기를 제거해 주세요.

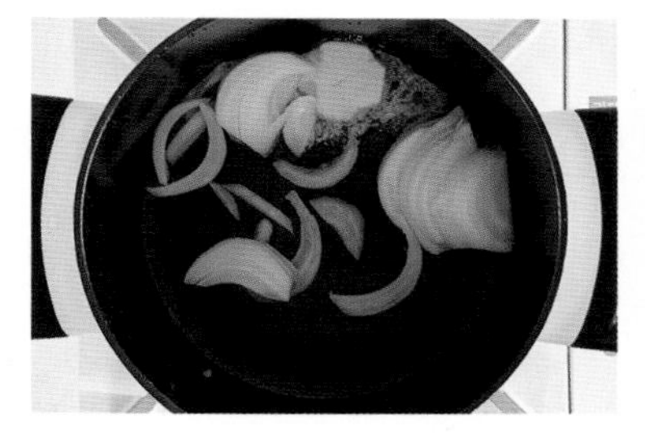

3 다른 냄비에 무염버터, 양파를 넣고 중불로 갈색이 나올 때까지 볶아주세요.

4 2 삶은 감자를 넣고 한 번 더 볶다가 우유와 생크림을 붓고 약불에서 5분 정도 끓여주세요.

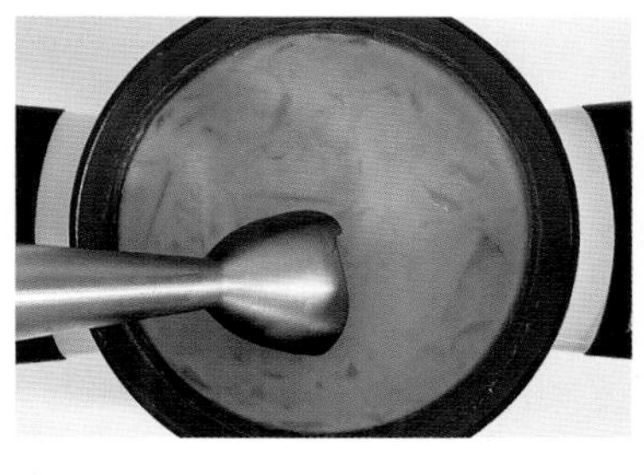

5 핸드블렌더로 곱게 갈아주세요.

6 치즈 한 장을 넣고 저어가며 한소끔 더 끓여주세요.

시금치수프

비타민, 철분, 식이섬유 등이 풍부해서 성장기 아이들에게
유익한 식재료인 시금치로 만든 담백한 수프예요.
따뜻하게 끓여서 아침에 빵과 함께 내어주기도 좋아요.

재료

아이와 엄마가
1~2회 먹을 수 있는 양

감자	150g
시금치	150g
양파	80g
채수	240ml
우유	350ml
아기치즈	2장
무염버터	15g

1 양파는 얇게 채 썰고 감자는 납작하게 썰어주세요.

2 끓는 물에 시금치를 넣고 1분 정도 데쳐준 뒤 찬물로 헹구고 물기를 꾹 짜주세요.

3 약불로 달군 냄비에 무염버터, 감자, 양파를 넣고 양파가 갈색으로 바뀔 때까지 볶아주세요.

4 채수를 붓고 2 데친 시금치를 넣어 약불에서 한소끔 끓여주세요.

5 핸드블렌더로 곱게 갈아주세요.

6 우유, 치즈를 넣고 약불에서 저어가며 끓여주세요.

Tip!

* 6 과정에서 치킨스톡을 조금 추가해주어도 좋아요.
* 추가 간은 소금으로 해주세요.

초당옥수수수프

5월 말에서 6월 말까지는 1년에 한 번 초당옥수수를 맛볼 수 있는 시기예요.
서윤이네는 매년 꼭 한 번 구매해서 생으로도 먹고 쪄서도 먹어요.
오래 보관하긴 힘든 작물이라 남은 옥수수는 수프로 많이 만들어 냉동해두었다가
아침식사나 간식으로 꺼내 빵과 함께 먹어요.

재료

아이와 엄마가
여러 번 먹을 수 있는 양

초당옥수수	2개
감자	100g
양파	80g
우유	300~350ml
무염버터	10g
아기치즈	1장

레시피

1 초당옥수수는 옥수수알만 준비해주세요. 양파는 채 썰고 감자는 잘 익을 수 있도록 납작하게 썰어서 준비해주세요.

2 약불로 달군 냄비에 무염버터와 양파, 감자를 넣고 양파가 갈색을 띨 때까지 볶아주세요.

3 초당옥수수를 넣고 1분 정도 더 볶다가 우유를 넣고 끓여주세요.

4 감자가 부드럽게 익으면 핸드블랜더로 곱게 갈아주세요.

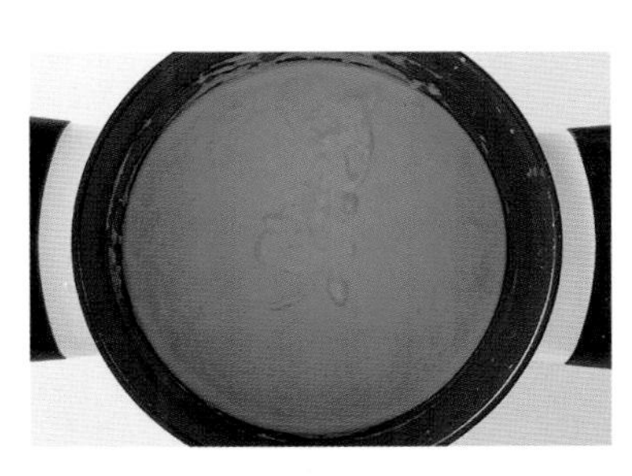

5 아기치즈 1장을 넣고 약불에서 뭉근하게 더 끓여주세요.

Tip!

* 치즈는 생략해도 맛있어요. 5 과정에서 우유를 더 추가하거나 조금 더 끓여서 원하는 농도로 맞춰주세요.
* 어른식에는 소금을 추가해 간을 맞춰 드세요.

양파링새우밥전

노릇노릇 익은 양파는 얼마나 달달한지 몰라요.
양파 속에 넣을 반죽에 아이가 편식하는 재료를 다져 넣어도 좋고 자투리 채소를 넣어줘도 좋아요.
편식하는 아이들에게 안성맞춤 레시피예요!

재료

아이와 엄마가
1회씩 먹을 수 있는 양

새우	3~5마리(60g)
양파	1개
당근	15g
애호박	20g
파프리카	10g
다진 쪽파	1큰술
전분가루	1큰술
식힌 밥	60g
달걀	1개
다진 마늘	1작은술
간장	1작은술
참기름	1/2작은술
후추	1꼬집

레시피

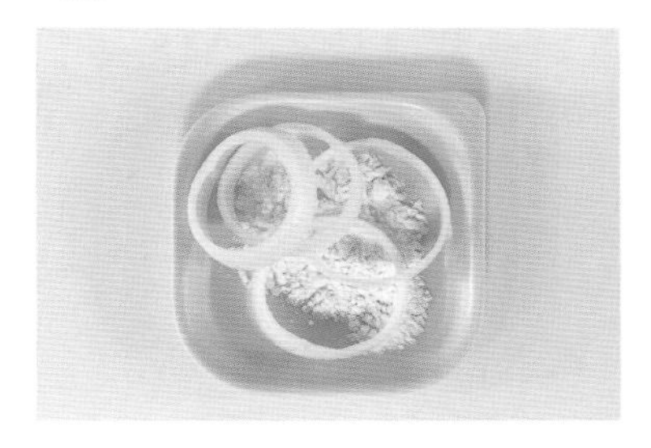

1 양파를 링 모양으로 1.5cm 두께로 썰고 겉에 전분가루를 고루 묻힌 후 톡톡 털어주세요.

2 당근, 애호박, 파프리카는 잘게 다지고 새우는 내장을 손질해 작게 썰어주세요.

3 볼에 2 재료를 모두 넣고 식힌 밥, 달걀, 다진 마늘, 간장, 참기름을 넣어 잘 섞어주세요.

4 약불로 달군 팬에 오일을 넉넉히 두르고 양파링을 올린 다음 속에 3 반죽을 채워 넣고 앞뒤 모두 노릇하게 구워주세요.

Tip!

* 밥은 식혀서 반죽에 넣어주고 구울 땐 약불에서 서서히 익혀야 속까지 잘 익어요.
* 전분가루는 밀가루나 부침가루로 대체 가능해요.

오코노미야끼밥전

반찬만 먹고 밥은 안 먹으려는 아이들에게 안성맞춤 메뉴예요.
특히나 외식할 때 손에 잘 묻지 않고 흘릴 염려가 적어서
자기주도 하기 좋은 메뉴가 밥전이기도 해요.
서윤이가 어릴 적 가족 외식할 때는 도시락을 싸가지고 다녔는데 그때마다 밥전은 단골 메뉴였어요.

재료

아이와 엄마가
1회씩 먹을 수 있는 양

양배추	60g
양파	20g
새우	중간 크기 3마리 (30g)
달걀	1개
밥	60~70g
무조미김	4~5장
소금	1꼬집
마요네즈	1큰술

레시피

1 양배추와 양파는 잘게 다져주세요.

2 새우는 작은 크기로 썰어주세요.

3 1과 2를 한 볼에 담아 소금을 1꼬집 넣어 간을 하고 밥, 달걀 1개를 푼 뒤 잘 섞어주세요.

4 약불로 달군 팬에 오일을 넉넉히 두르고 3 반죽을 올려주세요.

5 김을 반으로 잘라서 윗면에 올려주고 뒤집어주세요.

6 앞뒤 모두 노릇노릇하게 구워주고 마요네즈를 뿌려주세요.

Tip!

* 새우는 다지지 말고 꼭 작은 크기로 썰어줘야 식감이 훨씬 좋아요.
* 약불에 서서히 구워줘야 속까지 잘 익어요.
* 어른식에는 반죽에 소금을 더해서 간을 해주고 청양고추를 다져 넣어도 맛있어요.

깻잎달걀말이밥

깻잎은 향 때문에 아이가 먹기 어렵지 않을까 생각해서 조금 늦게 접해주었던 식재료예요.
어린이집 알림장에 서윤이가 깻잎 나물반찬을 아주 잘 먹었다는 글을 보고 아차 싶었지요.
또 그맘때 밥은 먹지 않고 반찬만 먹으려 해서 달걀물에 밥과 깻잎을 넣어 달걀말이를 해줬더니
감쪽같이 잘 먹어서 그 후로도 종종 만들어주는 레시피랍니다.

재료

아이가 2회 먹을 수 있는 양

달걀	2개
깻잎	2장
밥	70g
소금	1꼬집
당근	10g
애호박	15g

레시피

1 당근과 애호박을 잘게 다져주세요. 밥은 조금 식혀주세요.

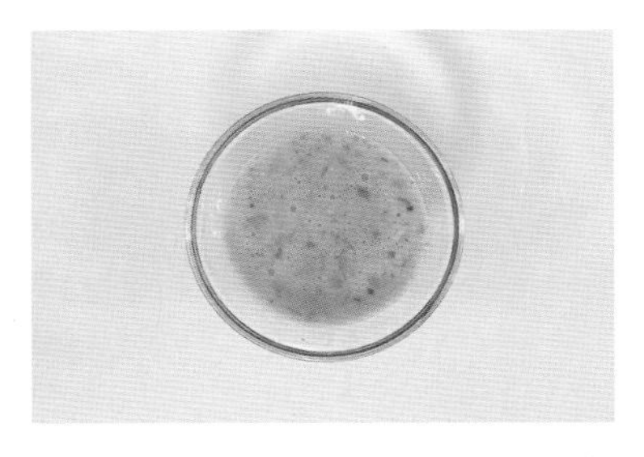

2 달걀을 풀어서 다진 채소와 밥, 소금을 넣어 골고루 섞어주세요.

3 약불로 달군 팬에 오일을 두르고 키친타월로 살짝 닦아낸 다음 2 달걀물을 넓고 얇게 펼쳐서 가장자리에 깻잎을 올리고 말아주세요.

4 두세 번 정도 추가로 달걀물을 부어서 말아주세요.

Tip!

* 약불로 서서히 익혀야 속에 담긴 채소들도 잘 익어요.
* 조리가 끝난 뒤 불을 끄고 뚜껑을 덮어준 뒤 잔열로 3분 정도 더 익혀주세요.

달걀밥찜

아침밥으로 1등 단골 메뉴예요. 야채를 초퍼에 넣고 다지기만 하면
3분 만에 만들 수 있는 메뉴라 아이가 늦잠을 잔 아침에 자주 만들어 먹였던 메뉴랍니다.

재료

아이가 1회 먹을 수 있는 양

달걀	1개
당근	7g
양파	5g
애호박	5g
채수	3큰술
소금	1꼬집
밥	60g

레시피

1 당근과 양파, 애호박은 작게 다지고 달걀 1개를 풀어서 소금을 1꼬집 넣어 잘 섞어주세요.

2 1 달걀물에 채수 3큰술을 넣어 골고루 섞어주세요.

3 전자레인지용 용기에 밥을 깔아서 넣고 2 달걀물을 부은 뒤 전자레인지에서 3분간 조리해주세요.

Tip!

* 집에 있는 자투리 채소를 활용해도 좋아요.

소고기콩나물밥찜

간단한 레시피로 영양 가득한 한 그릇 요리 완성이에요!
냄새부터 너무 맛있어서 입맛 없는 아침, 어른도 아이도 든든하게 한 끼 해결할 수 있을 거예요.

아이가 1회 먹을 수 있는 양

밥	55g
달걀	1개
콩나물	10g
소고기 다짐육	20g
해물육수	3큰술

[고기 밑간]

아기간장	1작은술
아가베시럽	1/2작은술
맛술	1/2작은술
다진 마늘	1/4작은술

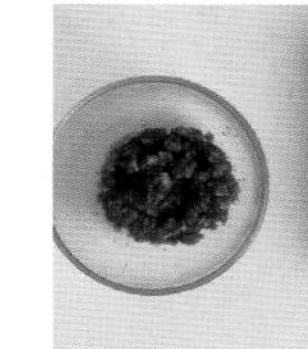

레시피

1 소고기에 밑간 양념을 넣어 버무려서 20분 정도 재워두고 콩나물은 손질 후 작게 썰어주세요.

2 달걀 1개에 육수를 넣고 풀어준 다음 밥, 콩나물, 1 소고기 순으로 올린 뒤 전자레인지에서 4분 동안 돌려주세요.

* 전자레인지 조리 대신 용기째 찜기에 넣고 10분 정도 쪄도 좋아요!
* 어른식은 양념장을 넣고 비벼 먹으면 맛있어요.

소고기토마토수프

뜨끈하게 끓여서 떠먹으면 몸이 사르르 녹는 듯한 느낌의 시원한 수프예요.
서윤맘도 서윤이도 정말 좋아하는 메뉴랍니다.
걸리지도 않은 감기가 싹 나을 것 같은 맛.
구운 빵이랑 함께 내어주면 한 끼 식사로도 든든해요!

재료

아이와 엄마가
1~2회씩 먹을 수 있는 양

토마토	350g
소고기 등심	200g
양파	100g
당근	50g
애호박	30g
파프리카	40g
마늘	3쪽
무염버터	10g
채수	300g
올리브오일	2큰술
아가베시럽	1큰술
토마토소스	2큰술
치킨스톡	1작은술
소금, 후추	2꼬집

Tip!

* 집에 있는 자투리 채소를 모두 넣어줘도 좋아요! 양송이버섯, 브로콜리도 추천해요.
* 토마토소스의 레시피는 50쪽을 참조하세요. 토마토소스를 생략하고 토마토만 사용해도 충분히 맛있어요.
* 아가베시럽은 토마토의 신맛을 잡아주는 재료로, 넣기 전에 맛을 보고 토마토의 신맛에 따라 가감해주세요.
* 5 레시피 순서에서 바닥에 눌어붙지 않게 한 번씩 저어주세요.

1 마늘은 편으로 썰고 야채는 모두 먹기 좋은 크기로 썰어주세요.

2 토마토는 십자 모양으로 칼집을 낸 뒤 끓는 물에 넣고 30초 정도 데친 다음 껍질을 제거하고 큼직하게 썰어주세요.

3 소고기 등심은 소금, 후추로 밑간을 하고 중불로 달군 팬에 올리브오일을 1큰술 두른 뒤 소고기를 올려 노릇하게 구워주세요. 잠시 덜어두고 가위로 먹기 좋게 썰어주세요.

4 팬을 한 번 닦아내고 올리브오일을 1큰술 두른 뒤 양파와 마늘을 먼저 넣어 볶다가 당근과 애호박을 넣고 볶아주세요. (양파, 마늘 다음으로 단단한 순으로 넣어주세요.)

5 2 토마토, 3 소고기를 넣은 뒤 채수와 토마토소스를 넣고 중불에서 30분 이상 푹 끓여주세요.

6 마지막으로 아가베시럽과 치킨스톡을 넣고 조금 더 끓여주세요.

3장

한 그릇 밥 요리

One Bowl Meals

여러 가지 반찬을 차려주기 힘들 때,
한 그릇 메뉴로도 맛있고 영양가 있게 식사를 챙겨줄 수 있어요.
또 아이들마다 밥만 먹으려 한다거나 반찬만 먹으려 할 때가 꼭 한 번씩은 있거든요.
서윤이도 한때 그랬고요.
그런 시기에는 다음 레시피들을 적극 활용해 한 그릇 요리로 내어주세요.

갈릭버터크래미솥밥

저도 솥밥을 좋아하지만 서윤이도 솥밥을 먹는 날이면
밥 한 공기는 거뜬히 뚝딱해서 다양한 솥밥을 많이 만들어 먹기 시작했어요.
다른 반찬이 없어도 훌륭한 한 끼가 될 수 있고
아이와 엄마가 함께 먹을 수 있는 최고의 요리예요!

아이와 엄마가
2회씩 먹을 수 있는 양

크래미	2쪽(50g)
양송이버섯	3개
쌀	2컵
마늘	2쪽
무염버터	10g
쪽파	10g
물	240ml

1 마늘은 다져주고 크래미는 찢어주세요. 양송이버섯은 5mm 두께로 슬라이스 해주세요.

2 쌀은 깨끗이 씻어 물에 30분 정도 불려두었다가 물기를 제거해주세요.

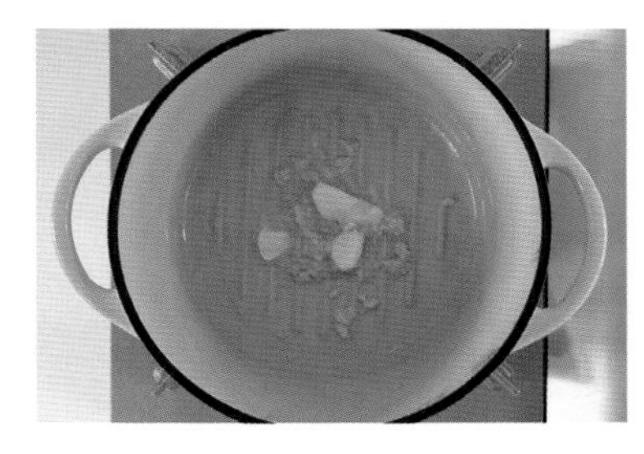

3 주물냄비에 무염버터와 다진 마늘을 넣고 약불에서 마늘 향이 올라올 때까지 타지 않게 볶아주세요.

4 양송이버섯을 먼저 넣어 볶다가 불린 쌀을 넣고 살짝만 더 볶아주세요.

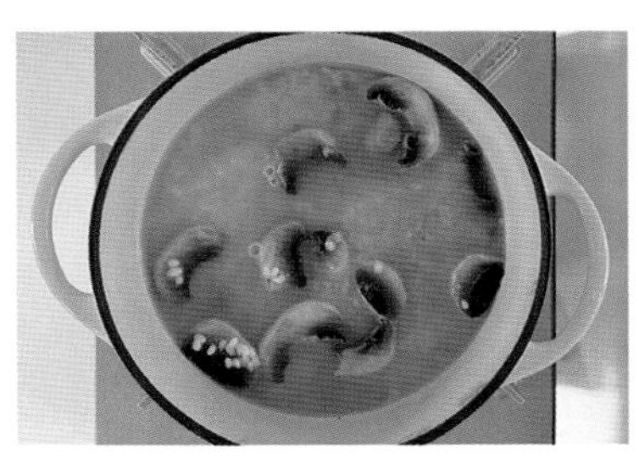

5 물을 부어주고 뚜껑을 덮어서 중불에서 5분, 끓어오르면 약불로 줄여서 10분간 더 끓여주세요.

6 찢어둔 크래미를 올려주고 쪽파를 올려 뚜껑을 덮고 10분간 뜸들여주세요.

* 먹을 양만 덜어두고 남은 밥은 전용 용기에 담아 바로 냉동해두고 먹기 전에 꺼내 전자레인지에 돌려주기만 하면 갓 지은 밥처럼 맛있게 먹을 수 있어요.
* 어른식에는 진간장 2큰술, 참기름 1작은술, 부순 참깨 1큰술로 양념장을 만들어 슥슥 비벼 먹으면 맛있어요.

버터야채솥밥

서윤이 돌쯤부터 정말 자주 해먹었던 솥밥이에요.
늘 집에 있는 재료들로 간단하게 뚝딱 만들어도 언제나 맛있게 먹어줘서 제가 정말 애정하는 레시피입니다.
또 소분해서 냉동해두면 비상식량으로도, 급하게 외식을 할 때도 아주 유용하답니다!

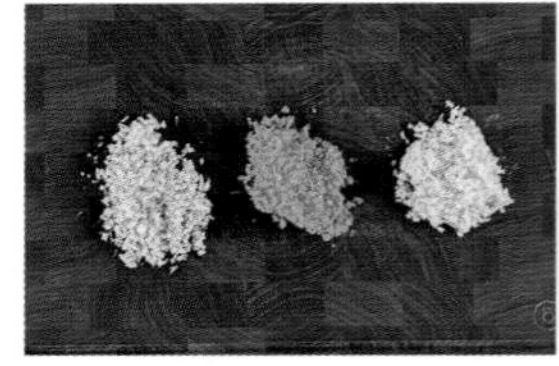

아이가 여러 번 먹을 수 있는 양

감자	60g
애호박	50g
당근	30g
쌀	1컵
물	1컵(120ml)
아기간장	1/2큰술

1 야채들은 잘게 다지고, 쌀은 30분 이상 불린 다음 체에 밭쳐 물기를 제거해주세요.
2 냄비에 올리브오일을 조금 두르고 1 채소를 모두 넣어 볶아주세요.
3 채소가 반쯤 익으면 불린 쌀을 넣고 1분 정도 볶다가 물과 아기간장을 넣어주세요.
4 강불에서 5분, 끓어오르면 뚜껑을 덮고 약불에서 10분, 불 끄고 5분 정도 뜸들여주세요.

* 먹기 전 무염버터를 한 조각 올려서 비벼 먹으면 맛이 더욱 좋아요.
* 채소를 볶다가 반쯤 익었을 때 종류에 상관없이 닭, 소, 돼지 등 고기를 추가해줘도 좋아요.

소고기알배추덮밥

육수에 알배추가 부드럽게 익으면서 재료 본연의 단맛이 올라와 정말 맛있어요.
서윤이가 유아식을 시작할 때 부드러운 덮밥 형태의 요리를 자주 해줬어요.
정말 잘 먹었던 덮밥 메뉴 중 하나입니다.

아이가 여러 번 먹을 수 있는 양

소고기 다짐육	50g
알배추	65g
해물육수	200ml
전분물	1큰술

[고기 밑간]

아기간장	1큰술
맛술	1큰술
올리고당	1큰술
참기름	1/2작은술

1 소고기에 밑간 양념을 넣어 버무린 뒤 20분 정도 재워두고 알배추는 먹기 좋은 크기로 썰어주세요.
2 중불로 달군 팬에 오일을 두르고 1 양념된 소고기를 넣고 볶아주세요.
3 고기가 익으면 육수와 알배추를 넣고 알배추가 부드럽게 익을 때까지 끓여주세요.
4 전분물을 넣고 빠르게 저어주세요.

* 어른식에는 액젓이나 간장을 추가해 간을 맞춰 드세요.

가자미덮밥

인스타그램에서 소개했을 때 무척 인기가 많았던 '가자미덮밥'!
가자미덮밥 후기는 대부분 "어른인 내가 먹어도 맛있다"였어요.
촉촉하고 담백해서 아이들도 정말 잘 먹고요.
서윤이네 단골 메뉴 중 하나예요!

재료

아이와 엄마가
1회씩 먹을 수 있는 양

가자미살	200g
양파	40g
대파	7g
쪽파	5g
달걀	1개
해물육수 (또는 채수)	200ml
국간장	1작은술
부침가루	1큰술 (밀가루로 대체 가능)

레시피

1 양파는 얇게 채를 썰어 2등분해주고 대파와 쪽파는 다져주세요.

2 가자미살은 부침가루를 앞뒤로 톡톡 묻히고 오일을 두른 팬에서 중불로 노릇하게 구운 뒤 접시에 덜어주세요.

3 중불로 달군 팬에 오일을 두른 뒤 양파와 대파를 넣고 양파가 투명해질 정도로 볶아주세요.

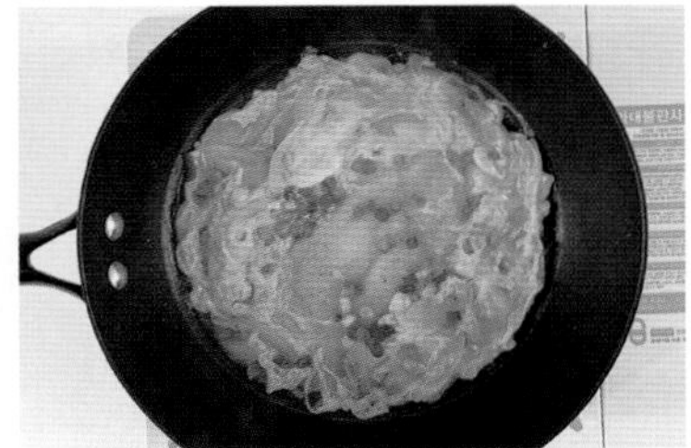

4 육수를 붓고 끓기 시작하면 국간장을 넣어 간을 한 뒤에 가자미살을 올리고 달걀물을 동그랗게 부어주세요. 뚜껑을 덮고 달걀이 익을 때까지 끓여주고 마지막으로 쪽파를 올려주세요.

Tip!

* 냉동 가자미살은 자연 해동한 뒤 조리해야 비린내가 나지 않아요.
* 어른식에는 쯔유 1/2큰술을 더해 간을 해주세요.

들깨오리덮밥

여름 보양식으로 많이들 먹는 들깨오리탕을
유아식 덮밥 요리로 재탄생시켜본 메뉴예요.
들깨가루는 오메가 3와 같은 지방산이 풍부해요.
피부염증 개선과 콜레스테롤 조절에 도움을 주는 등
다양한 효능이 있는 데다가 고소한 맛도 일품이에요.

재료

아이와 엄마가
1회씩 먹을 수 있는 양

오리고기	120g
알배추	70g
애호박	50g
느타리버섯	40g
양파	30g
다진 마늘	1/2큰술
들깨가루	2/3큰술
채수	50ml
아기간장	1작은술

[고기 밑간]

소금	1꼬집
맛술	1작은술

레시피

1 오리고기는 밑간 양념을 더해 버무린 다음 20분 정도 재워두세요.

2 애호박, 양파, 느타리버섯, 알배추는 먹기 좋은 크기로 썰어주세요.

3 중불로 달군 팬에 오일을 두르고 다진 마늘을 넣어 볶아주다가 마늘 향이 올라오면 오리고기를 넣고 익혀주세요.

4 고기가 익으면 2 야채를 모두 넣고 간장을 넣어 숨이 죽을 때까지 볶아주세요.

5 육수를 붓고 들깨가루를 넣어 살짝만 더 끓여주세요.

Tip!

* 어른식에는 굴소스를 추가해주세요.

애호박새우덮밥

유아식을 시작하며 국물 요리는 최대한 늦게 주고 싶어서
일반 밥보다는 소화하기 편한 덮밥류의 음식을 자주 만들어줬어요.
자기주도로 식사하는 서윤이가 혼자 숟가락으로 떠먹기에 훨씬 수월하기도 했고요.
애호박새우덮밥도 그중 하나입니다.

재료

아이와 엄마가
1회씩 먹을 수 있는 양

새우	2~3마리(45g)
애호박	50g
양파	30g
다진 마늘	1작은술
국간장	1작은술
해물육수	150ml
전분물	1큰술 (전분가루1 : 물2)

레시피

1 애호박과 양파를 먹기 좋은 크기로 썰어주고 새우는 내장을 손질해서 작게 썰어주세요.

2 약불로 달군 팬에 다진 마늘과 양파를 넣고 볶아주세요.

3 양파가 투명해지면 애호박과 새우를 넣고 볶아주세요.

4 새우가 익으면 육수를 넣은 뒤 국간장으로 간을 하고 5분 정도 끓여주세요.

5 전분물을 넣고 빠르게 저어주세요.

Tip!

* 어른식에는 국간장을 더하고 고춧가루를 솔솔 뿌려 먹어도 맛있어요.
* 돌 전후의 아기들은 간이 되는 양념을 넣거나 오일에 볶는 과정을 생략하고, 육수가 끓으면 재료를 넣고 익을 때까지 끓이다가 전분물을 넣어주면 좋아요.

시금치에그비빔밥

서윤이가 시금치를 좋아하게 만들었던 특별한 레시피예요!
이전까진 시금치나물을 그리 좋아하지도 싫어하지도 않았지만
시금치에그비빔밥을 처음 만들어줬을 때 너무 맛있어하며 잘 먹었거든요.
이후로 시금치나물이 3세 인생 소울푸드가 되었답니다.

재료

아이가 1회 먹을 수 있는 양

밥	80g
달걀	1개
소고기 다짐육	30g

[시금치나물 재료]

시금치	130g
아기국간장	1작은술
참기름	1/2작은술
부순 참깨	1/2작은술

[고기 밑간]

아기간장	1작은술
아가베시럽	1작은술
맛술	1/2작은술

레시피

1 냄비에 물이 끓으면 시금치를 넣고 1분 정도 데쳐주세요. 찬물에 담가 식히고 물기를 꾹 짠 다음 먹기 좋은 크기로 썰어주세요.

2 1 시금치에 시금치나물 재료를 모두 넣고 조물조물 무쳐주세요.

3 소고기 다짐육에 밑간을 하고 20분 정도 재워두세요.

4 약불로 달군 팬에 달걀 1개를 풀어 넣어서 스크램블을 만들어주세요.

5 3 밑간한 소고기를 중불로 달군 팬에 넣고 수분이 날아가도록 볶아준 다음 그릇에 밥, 시금치나물, 볶은 소고기를 차례로 올려주세요.

오야코동(닭고기덮밥)

아이들이 정말 좋아하고 잘 먹는다는 후기를 아주 많이 받은 레시피예요.
간이 되는 양념을 제외하면 돌 전후 아기들도 먹을 수 있는 닭고기덮밥입니다.
촉촉하게 밥에 비벼주면 정말 맛있게 잘 먹을 거예요.

아이와 엄마가
1회씩 먹을 수 있는 양

닭다리살	150g
양파	60g
브로콜리	25g
대파	5g
달걀	1알
우유	100ml
해물육수	250ml
가쓰오부시	1줌
아기간장	1큰술
아가베시럽	1작은술
맛술	1작은술

Tip!

* 닭고기를 구울 때 충분히 예열된 팬에 올려 구워주세요. 충분히 예열되지 않은 팬에서 굽게 되면 닭고기에서 수분이 나오면서 육질이 퍽퍽하고 비린내가 날 수 있어요.
* 가쓰오부시를 생략하고 쯔유 1/2작은술로 대체해줘도 좋아요.

1 닭다리살은 우유에 30분 정도 담가두었다가 흐르는 물에 씻고 껍질과 지방을 제거해주세요.

2 우려낸 육수에 가쓰오부시를 넣고 20분 정도 두었다가 체에 밭쳐 걸러주세요.

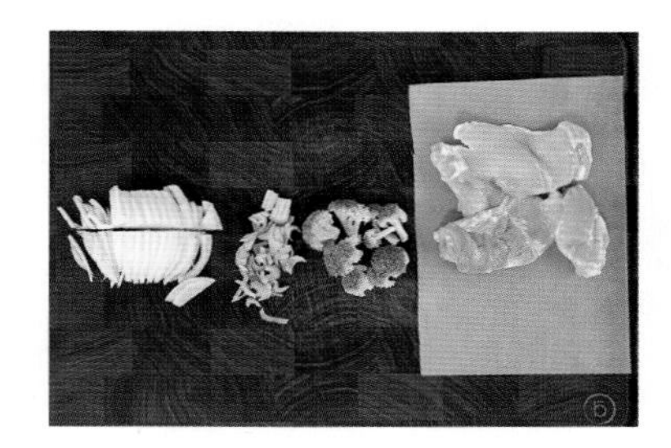

3 양파는 얇게 채를 썰고 2등분해주세요. 대파는 다져주고 브로콜리는 먹기 좋은 크기로 썰어주세요.

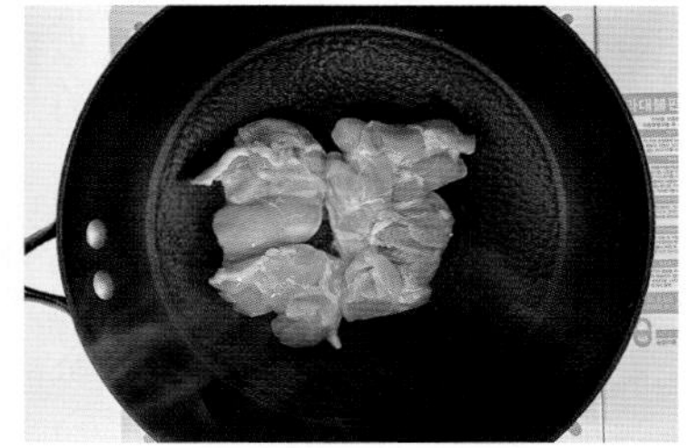

4 중불로 달군 팬에 오일을 살짝 두르고 닭다리살의 겉면만 노릇하도록 구워주세요.

5 육수와 양파, 브로콜리를 넣고 끓여주세요.

6 양파가 익으면 간장, 아가베시럽, 맛술을 넣고 달걀물을 동그랗게 부어준 다음 대파를 올려 달걀이 익을 때까지 뚜껑을 덮어 끓여주세요.

토마토크림카레덮밥

토마토는 세계 10대 푸드에도 속하는 비타민과 무기질이 풍부한 식재료예요.
생으로 먹기보단 열을 가해 조리해 먹는 것이 영양소 섭취에 더 많은 도움이 됩니다.
영양과 맛을 모두 잡은 토마토크림카레덮밥은 우유를 넣고 끓여서 훨씬 부드럽고 맛있어요!

아이와 엄마가
1회씩 먹을 수 있는 양

토마토	1개(180g)
양파	1/2개(80g)
감자	1개(60g)
당근	20g
카레가루	2큰술
무염버터	10g
우유	180ml
소금	1꼬집
새우	2~3마리

1 토마토는 꼭지를 제거하고 십자 모양으로 칼집을 낸 뒤 끓는 물에 소금 1꼬집을 넣어 30초 동안 데쳐주세요. 식힌 뒤 껍질을 제거해주세요.

2 양파, 감자, 당근을 잘게 다져주고 1 토마토는 큼직하게 썰어주세요.

3 냄비에 무염버터를 넣은 뒤 양파를 먼저 넣어 중불에서 갈색이 나올 때까지 볶아주세요.

4 감자와 당근을 먼저 넣어 볶다가 당근이 익으면 토마토를 넣고 2분 정도 볶아주세요.

5 우유와 카레가루를 넣고 저어가며 뭉근히 끓여주세요.

6 토핑으로 올라갈 새우는 올리브오일을 두른 팬에서 노릇하게 익혀주세요.

Tip!

* 카레가루는 간이 되는 재료이니 아이의 간에 맞게 가감해서 넣어주세요.

팽이잡채덮밥

자투리 채소들을 활용해 간단하게 만든 덮밥이지만
서윤이가 아주 좋아해서 자주 만들어줬던 단골 레시피예요.
촉촉하게 만들어 밥에 넣고 비벼주면 어린아이들도 잘 먹을 수 있는 메뉴이니
간이 되는 재료는 생략하거나 가감해서 만들어주면 좋아요.

재료

아이와 엄마가
1회씩 먹을 수 있는 양

팽이버섯	50g
당근	25g
양파	30g
파프리카	10g

[양념]

채수	100ml
아기간장	1큰술
아가베시럽	1/2큰술
맛술	1작은술
다진 마늘	1작은술
참기름	1/2작은술

1 채소들은 각각 먹기 좋은 크기로 가늘게 채 썰어주세요.

2 양념 재료를 모두 섞어 양념장을 만들어주세요.

3 중불로 달군 팬에 오일을 약간 두르고 양파를 먼저 넣어 볶아주세요.

4 양파가 투명해지면 당근을 넣어 반쯤 익을 때까지 볶아주세요.

5 팽이버섯과 파프리카를 넣고 팽이버섯이 숨이 죽을 때까지만 살짝 더 볶아주세요.

6 2 양념장을 넣고 졸이듯이 1~2분 정도 끓여주세요.

Tip!

* 양념장에 간장은 아이 간에 맞게 가감해 넣어줘도 좋아요.

감자소고기덮밥

덮밥 요리에서 서윤이가 잘 먹는 레시피 중 다섯 손가락 안에 꼽는 메뉴입니다!
간이 되는 양념을 제외하고 돌 이후부터 쭉 만들어줬는데 매번 잘 먹었어요.
부드럽게 익힌 감자와 다진 소고기를 함께 비벼 먹으면
어른식 간을 추가하지 않아도 너무 맛있어요.

재료

아이가 1~2회 먹을 수 있는 양

감자	작은 크기 1개 (60g)
소고기 다짐육	35g
쪽파	5g
참기름	1/2작은술
전분물	1큰술(전분1 : 물2)
육수 (채수 또는 물)	120ml

[양념]

아기간장	1큰술
맛술	1/2큰술
아가베시럽	1작은술
다진 마늘	1/2작은술
굴소스	1/3작은술 (생략 가능)

Tip!

* 양념은 한 번에 모두 넣지 않고 아이의 간에 맞게 가감해서 넣어주세요.
* 6 육수가 어느 정도 남아 있는 상태에서 전분물을 부어주세요.

레시피

1 감자는 얇게 채 썰고 소고기는 키친타월로 꾹 눌러주며 핏물을 제거해주세요.

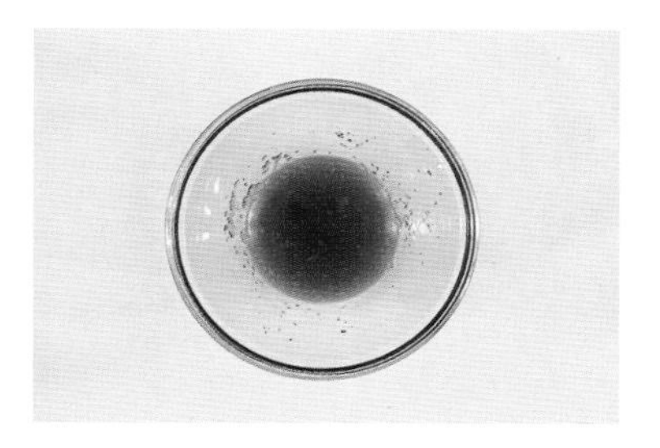

2 양념 재료를 모두 섞어주세요.

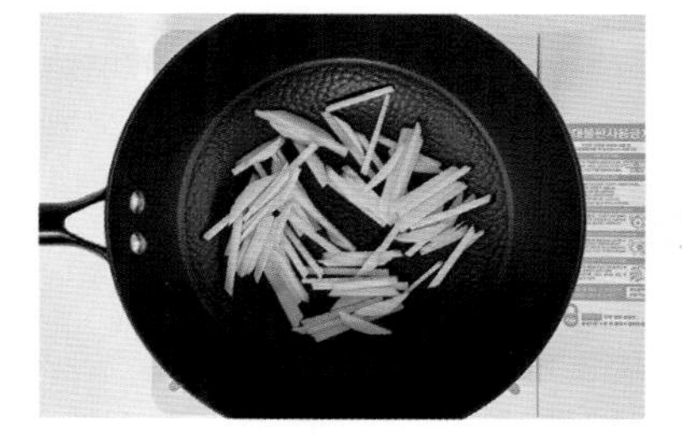

3 중불로 달군 팬에 오일을 조금 두르고 감자를 넣어 볶아주세요.

4 감자가 반 정도 익으면 소고기를 넣고 익혀주세요.

5 육수를 붓고 보글보글 끓으면 2 양념을 넣어주세요.

6 감자가 부드럽게 익었으면 전분물을 붓고 빠르게 저어준 다음 불을 끄고 쪽파와 참기름을 넣고 잘 저어주세요.

유부야채수프덮밥

다양한 채소에서 우러나온 채수를 유부가 가득 머금으면
그 자체만으로도 너무 맛있어지거든요.
한 그릇 요리로 정말 좋은 메뉴랍니다.

재료

아이가 2회 먹을 수 있는 양

무조미 유부	15g
애호박	12g
양파	10g
당근	5g
채수	150ml
맛술	1/2큰술
아기간장	1작은술
전분물	1큰술 (전분1:물2)

레시피

1 애호박, 양파, 당근을 작게 다져주세요.

2 유부는 뜨거운 물을 끼얹어준 다음 차가운 물로 헹궈 식히고 얇게 썰어주세요.

3 약불로 달군 팬에 오일을 두르고 1 다진 채소를 넣어 볶아주세요.

4 채소가 익으면 유부를 넣고 살짝 더 볶다가 육수를 부어 끓여주세요.

5 아기간장, 맛술을 넣은 다음 전분물을 넣어 빠르게 저어주세요.

Tip!

* 자투리 채소를 활용해도 좋아요.

사바동(고등어덮밥)

인스타그램에서 조회 수 8만 뷰를 넘게 기록한 사바동은
비린내 없이 촉촉하고 맛있는 고등어덮밥이에요.
아이들은 물론 어른들 입맛까지 저격할 음식을 선보이고 싶다면
꼭 사바동을 함께 만들어 먹어보세요.

재료

아이가 1회 먹을 수 있는 양

손질 고등어	50g
양파	30g
대파	10g

[양념]

해물육수	4큰술
아기간장	1큰술
맛술	1/2큰술
올리고당	1큰술
다진 마늘	1작은술

* 양념장 재료는 아이 간에 맞게 취향껏 가감해서 넣어주세요.
* 어른식에는 양념장에 진간장을 추가하여 간을 맞춰 드세요.

레시피

1 양념 재료를 모두 섞어 양념장을 만들어주세요.

2 양파는 가늘게 채 썰고 대파는 다져주세요.

3 중불로 달군 팬에 고등어 등 부분이 바닥을 향하도록 올려 앞뒤 노릇하게 구워준 다음 잠시 덜어놓고 팬을 깨끗이 닦아주세요.

4 약불에서 오일을 두르고 2 양파와 대파를 넣어 볶아주세요.

5 양파가 투명하게 익으면 구워둔 고등어를 올리고 양념장을 부어 뚜껑을 덮고 1분 정도 찌듯이 익혀주세요.

소고기느타리버섯볶음밥

각종 항산화 성분과 함께 식이섬유, 칼슘이 풍부한 느타리버섯은
다양한 영양소와 효능을 가진 유아식 단골 재료예요.
느타리버섯과 소고기를 넣어 만든 식감 좋은 볶음밥을 소개할게요.

아이와 엄마가
1회씩 먹을 수 있는 양

소고기 (구이용 또는 다짐육)	60g
느타리버섯	40g
식힌 밥	100g
다진 대파	1큰술
다진 마늘	1작은술
달걀	1개
굴소스	1작은술

1 소고기는 키친타월로 꾹 눌러 핏물을 제거해주고, 느타리버섯은 끓는 물에 넣어 1분 정도 데친 다음 찬물로 헹궈 물기를 꾹 짜준 다음 먹기 좋은 크기로 잘라주세요. 대파는 작게 다져주세요.

2 약불로 달군 팬에 오일을 두르고 다진 대파와 다진 마늘을 넣어 볶아주세요.

3 대파 향이 올라오면 소고기와 느타리버섯을 넣고 볶아주세요.

4 소고기가 반쯤 익으면 한쪽으로 몰아 놓고 달걀물을 넣어서 스크램블을 만들어주세요.

5 가스불을 끄고 밥과 굴소스를 넣어 골고루 비벼주세요. 강불에 올려 빠르게 볶아주세요.

Tip!

* 어른식에는 굴소스, 간장을 추가해 간을 맞춰 드세요.
* 유아식에 굴소스는 아기간장으로도 대체 가능해요.

버터감자볶음밥

유아식을 한다면 빼놓을 수 없는 단골 식재료인 애호박, 감자, 달걀, 양파 등으로만
간단하고 맛있게 만들어본 레시피예요.
실제로도 이 메뉴를 아이가 맛있게 잘 먹었다는 후기가 정말 많았답니다!

아이와 엄마가
1회씩 먹을 수 있는 양

감자	75g
당근	20g
애호박	20g
양파	30g
밥	130g
무염버터	10g
달걀	1개
아기치즈	1장
굴소스	1작은술

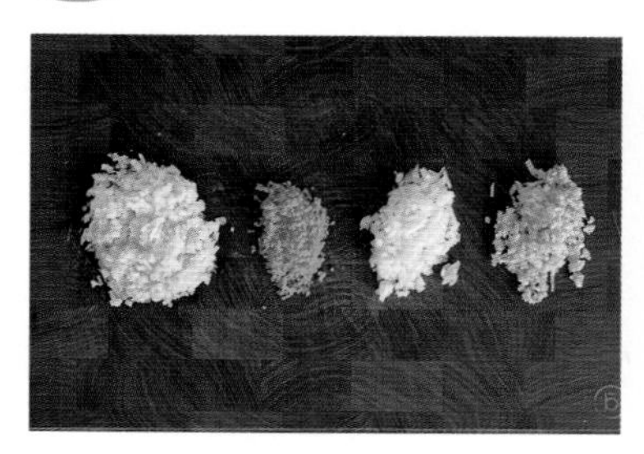

1 감자, 당근, 애호박, 양파를 잘게 다져주세요.

2 약불로 달군 팬에 버터를 올리고 양파를 먼저 넣어 볶다가 양파가 투명해지면 감자를 넣고 볶아주세요.

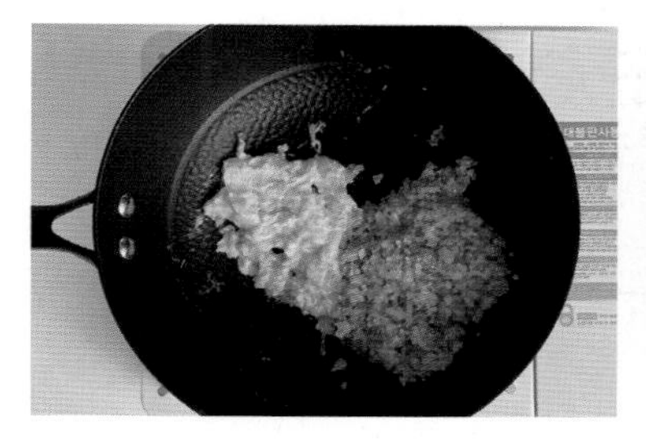

3 애호박과 당근을 넣고 볶아주세요. 야채가 어느 정도 익으면 팬의 가장자리로 빼두고 달걀 1개를 풀어 스크램블 해주세요.

4 가스불을 끄고 밥과 굴소스를 넣고 골고루 비벼준 다음 가스불을 강불로 올리고 빠르게 볶아주세요.

5 볶음밥을 그릇에 담고 아기치즈를 올려 전자레인지에서 30초 동안 돌려주세요.

* 밥을 한 김 식힌 뒤에 넣어줘야 고슬고슬하고 맛있는 볶음밥이 완성돼요.
* 어른식에는 간에 맞게 간장, 굴소스를 추가해 드세요.
* 3 과정의 달걀을 넣기 전 팬이 과열되어 있다면 가스불을 끄고 잔열로 스크램블을 만들어야 부드럽고 맛있어요.

토마토달걀볶음밥

마땅한 재료가 없을 때 만들기 좋은 메뉴예요.
어렵지 않은 레시피이지만 고급스러운 맛을 낼 수가 있어서 좋고
어른 아이 할 것 없이 맛있게 먹을 수 있어요.

재료

아이와 엄마가
1회씩 먹을 수 있는 양

토마토	1/2개(90g)
달걀	1개
대파	10g
식힌 밥	100g
아기간장	1작은술
올리고당	1/2작은술

1 대파는 잘게 썰고 토마토는 꼭지를 제거해 십자 모양으로 칼집을 내주세요.

2 끓는 물에 칼집 낸 토마토를 넣고 30초 정도 데치고 껍질을 제거해서 큼직하게 썰어주세요.

3 중불로 달군 팬에 오일을 두르고 대파를 넣어 향이 올라올 때까지 볶아주세요.

4 토마토를 넣고 졸이듯이 1분 정도 볶아주세요.

5 팬에 재료들을 한쪽으로 몰아놓고 달걀 1개를 풀어 스크램블 해주세요.

6 불을 끄고 밥, 아기간장, 올리고당을 넣어 골고루 비벼주세요. 강불로 올리고 다시 한번 빠르게 볶아주세요.

Tip!

* 토마토가 수분이 많을 때는 강불에서 수분을 날려가며 졸여주세요.
* 달걀을 넣기 전에 팬이 과열되어 있는 경우 불을 꺼 잠시 식힌 뒤 스크램블 해줘야 달걀이 부드러워요.

아스파라거스참치볶음밥

영양소가 풍부한 아스파라거스는 허브솔트를 뿌려 그냥 구워 먹어도 맛이 좋지만
아이들이 쉽게 섭취하긴 힘들죠. 그래서 볶음밥에 참치를 담백하게 넣어 만들어봤어요!

아이가 2회 먹을 수 있는 양

아스파라거스	10g
참치	40g
양파	15g
당근	10g
밥	80g
굴소스	1/2작은술
통깨	1작은술

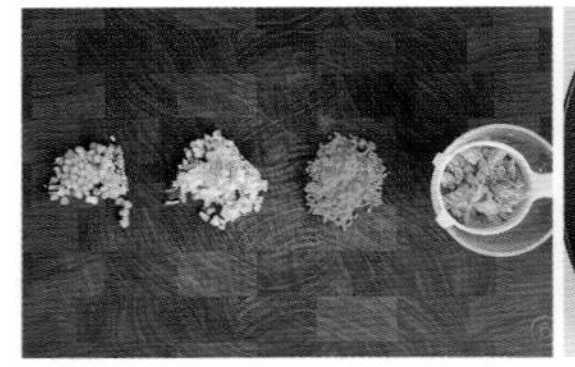

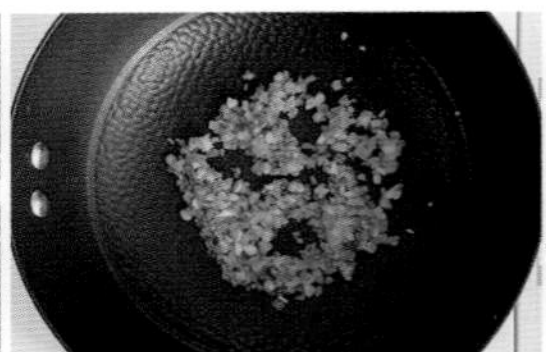

1 아스파라거스는 필러로 껍질을 제거해주고 양파와 당근은 모두 잘게 다져주세요. 참치는 체에 밭쳐 기름을 빼주세요.

2 중불로 달군 팬에 오일을 조금 두르고 양파를 먼저 넣어 볶다가 양파, 당근, 아스파라거스를 넣고 볶아주세요.

3 야채가 모두 부드럽게 익으면 불을 끄고 밥, 참치, 굴소스를 넣고 잘 비벼주면서 강불로 올려 빠르고 고슬고슬하게 볶아주세요.

* 굴소스는 아기간장으로 대체 가능해요. * 아스파라거스는 오래 보관할수록 쓴맛이 생기므로 구매 후 빠르게 섭취해주세요!

애호박치즈밥

이 레시피를 영상으로 찍어 인스타그램에 올리고 나서
'밥태기 아가들이 완밥했다"라는 후기가 넘쳐나던 인기 메뉴랍니다.

재료

아이가 1회 먹을 수 있는 양

애호박	60g
우유	3~4큰술
아기치즈	1장
버터	5g

레시피

1 애호박은 0.5mm 두께로 채 썰어주세요.
2 약불로 달군 팬에 버터와 애호박을 넣고 볶아주세요.
3 애호박이 익으면 우유와 치즈를 넣고 잘 섞이도록 저어주세요.

Tip!

* 간이 더 필요하면 소금으로 해주세요.

소고기김볶음밥

'시간이 부족한데 무얼 만들어줄까?'
냉장고 안의 식재료를 보며 고민하다가 만들어본 레시피예요.
김으로 낸 고소한 맛이 좋았는지 서윤이가 너무 잘 먹은 메뉴랍니다.
간단하고 맛있게 만들 수 있으니 꼭 한 번 만들어보세요!

재료

아이와 엄마가
1회씩 먹을 수 있는 양

소고기 다짐육	25g
양파	25g
대파	5g
식힌 밥	80g

[양념]

아기간장	1작은술
맛술	1/2작은술
아가베시럽	1작은술

레시피

1 소고기 다짐육은 키친타월로 꾹 눌러 핏물을 제거해주고 대파와 양파는 잘게 다져주세요. 김은 비닐 팩에 담아서 작게 부셔주세요.

2 약불로 달군 팬에 오일을 두르고 대파와 양파를 넣어 볶아주세요.

3 양파가 익으면 소고기를 넣고 볶다가 고기가 갈색으로 변하면 밥을 넣고 잘 섞어주세요.

4 3 볶음밥을 한쪽으로 몰아놓은 뒤 양념 재료를 빈곳에서 30초 정도 끓여준 다음 밥과 잘 비벼주세요.

5 1 부순 김을 넣고 골고루 섞어주고 강불에 올려 빠르게 볶아주세요.

Tip!

* 어른식에는 간장을 추가해 주면 좋아요.

순두부계란탕

순두부 계란탕은 국물이 많은 탕 요리라기보다는 게살수프처럼 걸쭉한 느낌의 덮밥 요리예요.
고소하고 담백해서 유아식 초기엔 간을 하지 않고도 잘 먹을 수 있는 메뉴이고
집에 있는 재료만으로도 금세 만들 수 있어서 자주 만들어주는 메뉴랍니다.

아이와 엄마가
1회씩 먹을 수 있는 양

순두부	1/2봉
당근	10g
표고버섯	8g
양파	30g
애호박	20g
달걀	1개
해물육수	200ml
아기국간장	1작은술
참기름	1/2작은술

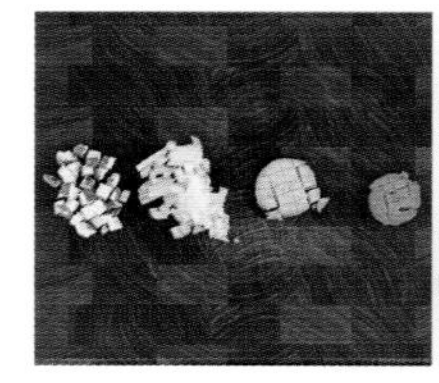

1 채소들은 모두 먹기 좋은 크기로 작게 썰어주세요.
2 냄비에 육수를 붓고 끓으면 1 야채를 모두 넣어 양파가 익을 때까지 끓여주세요.
3 순두부를 넣고 국간장을 넣어 간을 해주세요.
4 채소들이 모두 부드럽게 익으면 달걀물을 동그랗게 붓고 1분 정도 끓이다가 참기름을 넣어서 마무리해주세요.

* 어른식은 굴소스나 국간장을 추가해 간을 하면 맛있게 드실 수 있습니다.
* 집에 있는 다양한 자투리 채소도 활용 가능해요.

순두부달걀볶음

아침밥으로 이만한 메뉴가 없는 것 같아요.
만들기도 쉽고 부드럽고 고소해서 아이가 아침에 먹기에도 부담이 없지요.

아이와 엄마가
1회씩 먹을 수 있는 양

순두부	1/2봉
달걀	2개
쪽파	5g
부순 참깨	1큰술

[양념]

채수	3큰술
아기간장	1큰술
굴소스	1/2작은술

1 쪽파는 쫑쫑 썰고 달걀 2개는 풀어주세요. 순두부는 포장지 그대로 칼로 썰어 1/2모만 준비해주세요.
2 약불로 달군 팬에 오일을 두르고 쪽파를 넣어서 그 위로 달걀물을 부어주세요.
3 달걀을 스크램블 하듯이 볶고 순두부를 넣어 주걱으로 잘라주세요.
4 달걀과 순두부를 팬의 가장자리로 밀어두고 빈곳에 분량의 양념 재료를 붓고 1분가량 끓여주세요. 양념이 고루 밸 수 있게 섞어주세요.

* 달걀은 촉촉할 정도로만 익혀주세요. * 어른식에는 쯔유를 추가해줘도 좋아요.

시금치달걀덮밥

시금치와 달걀만 있으면 뚝딱 만들 수 있는 레시피예요.
맛은 또 기가 막혀요.
시금치를 싫어하는 아이들도 맛있게 잘 먹었다는 후기가 많으니 꼭 한번 만들어보세요.

재료

아이가 1회 먹을 수 있는 양

시금치	50g
양파	15g
달걀	1개
아기국간장	1/2 작은술
참기름	1/2 작은술

* 달걀물을 붓기 전에 팬이 너무 과열되어 있으면 불을 끄고 잠시 식혀주세요. 그러고 나서 달걀물을 부어야 촉촉하게 익힐 수 있어요.
* 새우나 베이컨을 함께 넣어도 맛있어요!
* 어른식에는 달걀물에 소금으로 간을 더해 만들어 드세요.

1 시금치는 밑동을 잘라주고 끓는 물에 30초 데친 뒤 차가운 물에 헹궈 물기를 꾹 짜주세요.

2 데친 시금치는 먹기 좋은 크기로 썰어주고 양파는 얇게 채 썰어 3등분해주고 달걀 1개를 풀어주세요.

3 약불로 달군 팬에 오일을 두르고 양파를 넣어 볶아주세요.

4 양파가 투명해지면 시금치를 넣고 국간장을 넣어 간을 해주세요.

5 달걀물을 부어주고 촉촉할 정도로만 익혀준 뒤 참기름을 둘러주세요.

양배추참치덮밥

제철 식재료를 활용해보세요! 12월이 제철인 양배추에서 나오는 단맛이 아주 좋아요.
생식으로 먹는 게 제일 맛있지만 어린아이들이 먹기엔 힘들지요.
양배추를 볶다가 육수를 부어 부드럽게 익혀낸 레시피라 달달해서 아이들이 부담 없이 먹을 수 있어요.

재료

아이와 엄마가
1회씩 먹을 수 있는 양

양배추	100g
참치(작은 캔)	1개
대파	5g
양파	40g
채수	1컵(300ml)

[양념]

아기간장	1/2큰술
아가베시럽	1작은술
굴소스	1/3작은술
다진 마늘	1/2작은술

레시피

1 양배추는 잘게 채 썰고 찬물에 헹군 뒤 물기를 제거해주세요. 양파와 대파도 잘게 다져주세요.

2 참치는 뜨거운 물을 한두 번 끼얹고 체에 밭쳐 기름기를 빼주세요.

3 중불로 달군 팬에 오일을 두르고 양파와 대파를 넣고 볶아주세요.

4 양파가 투명해지면 양배추를 넣고 숨이 죽을 때까지 볶아주세요.

5 육수를 붓고 양념 재료를 모두 넣어 끓여주세요.

6 양배추가 부드럽게 익으면 참치를 넣고 조금 더 졸여주세요.

Tip!

* 밥 위에 얹고 부순 참깨를 가득 올려 비벼서 먹으면 더욱 맛있어요.
* 어른식에는 진간장, 굴소스를 추가해 간을 맞추고 취향에 따라 고춧가루, 청양고추를 추가해주어도 맛있어요.

4장

든든한 국물 요리

soup dishes

아이 식단에서 국물 요리를 빼놓을 수 없지요.
간단한 국물 요리부터 푹 끓여내서 깊은 맛의 국물 요리도 있으니 다양하게 시도해보세요!
국은 한번 끓일 때 양껏 끓여두는 게 제일 맛있어요.
온 가족이 다 같이 모여서 함께 먹거나 끓인 뒤 한 김 식히고
소분해서 냉동해두면 든든한 비상식량 역할을 해요.

건새우감자국

우리 아이 면역력 향상에 도움을 주는 키토산 덩어리인 건새우로 끓여낸 국물 요리예요.
다른 재료 없이 건새우 하나만으로도 국물 맛이 끝내줍니다.

재료

아이와 엄마가
2회씩 먹을 수 있는 양

건새우	20g
감자	중간크기 1개(70g)
양파	20g
대파	10g

[육수]

해물육수	500ml
국간장	1작은술

레시피

1 건새우의 머리와 꼬리를 자르고 약불로 달군 마른 팬에 볶아주세요.

2 감자와 양파를 먹기 좋은 크기로 썰어주고 대파는 다져주세요.

3 냄비에 육수 재료를 넣어 끓이고, 육수가 끓어오르면 감자, 양파, 건새우를 넣고 한소끔 끓여주세요.

4 감자가 익으면 국간장으로 간을 해주세요.

5 다진 대파를 넣어 조금 더 끓여주세요.

Tip!

* 어른식에는 액젓을 추가해 간을 맞춰 드세요.

게살된장국

번거롭게 꽃게를 손질하지 않고
게살만으로도 시원한 국물의 게살된장국을 맛볼 수 있어요.

아이와 엄마가
1회씩 먹을 수 있는 양

게살	50g
두부	150g
된장	1큰술
양파	30g
애호박	35g
해물육수	250ml
대파	5g

1 양파와 애호박은 먹기 좋은 크기로 썰고 두부도 큐브 모양으로 썰어주세요. 대파는 어슷 썰어주세요.
2 냄비에 육수가 끓으면 된장을 풀어 넣고 애호박, 양파, 두부, 게살을 넣고 한소끔 끓여주세요.
3 채소가 부드럽게 익으면 대파를 넣어주세요.

* 무가 맛있는 계절엔 무를 썰어 넣어도 좋아요.
* 어른식엔 국간장이나 액젓을 넣어 간을 추가해주세요.

새우배춧국

배추가 맛있는 계절인 겨울에 한번 끓여보세요. 별다른 간을 하지 않고도 시원하고 맛이 좋답니다.
뜨끈하게 끓여서 밥 한 공기 말아주면 아침으로도 든든하게 먹을 수 있어요!

재료

아이와 엄마가
1회씩 먹을 수 있는 양

새우	60g
알배추	120g
대파	5g
다진 마늘	1/2큰술
아기국간장	1/2큰술
해물육수	1L

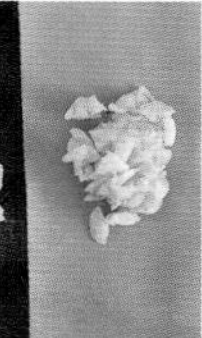

레시피

1 내장을 제거한 새우와 배추를 먹기 좋은 크기로 썰어주세요.

2 육수가 끓으면 새우와 배추, 다진 마늘을 넣고 끓어오르면 중약불로 줄여 10~15분 정도 끓이고 국간장으로 간을 한 뒤 대파를 넣고 한소끔 더 끓여주세요.

Tip!

* 어른식에는 액젓이나 소금을 더 추가하면 맛있게 드실 수 있어요.

차돌박이된장찌개

유아식 차돌박이된장찌개 레시피에서는
재료로 무를 넣어서 기름진 맛을 잡아주고 시원한 국물 맛도 낼 수 있어요.
아이 국물 요리, 어른 국물 요리 따로 만들지 않고
번거롭지 않게 한 번에 만들어 어른식에 약간의 재료만 더 추가하면
온 가족이 함께 맛있게 먹을 수가 있답니다!

재료

아이와 엄마가
2회씩 먹을 수 있는 양

차돌박이	90g
무	80g
애호박	80g
표고버섯	15g
두부	100g
대파	10g
된장	1큰술 반
해물육수	400ml

1 무, 애호박, 두부는 먹기 좋은 크기로 썰고 표고버섯은 얇게 슬라이스 해주세요.

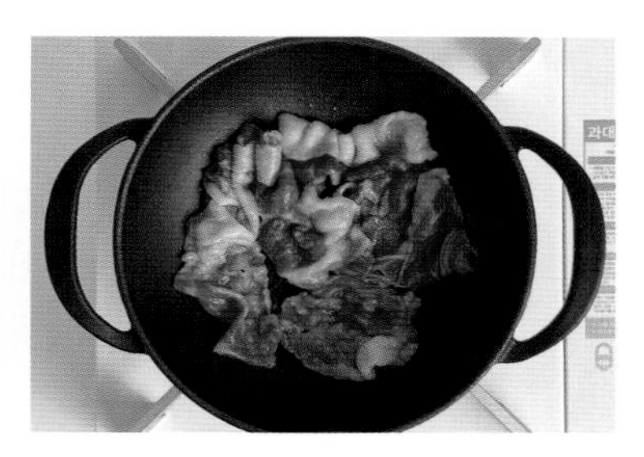

2 중불로 달군 냄비에 차돌박이를 올려 구워주세요.

3 차돌박이가 살짝 익으면 무를 넣고 고기기름에 볶아주세요.

4 육수를 붓고 된장을 풀어준 다음 애호박, 두부, 표고버섯을 넣어 한소끔 끓여주세요.

5 재료가 모두 부드럽게 익으면 대파를 올려주세요.

Tip!

* 어른식에는 된장, 국간장으로 간을 더하고 청양고추, 고춧가루를 추가해 드시면 훨씬 맛있어요.

달걀김국

김과 달걀로 간단하게 끓일 수 있는 국 레시피입니다.
김은 요오드와 비타민, 식이섬유, 타우린 등 다양한 영양소를 함유하고 있어요.
특히나 요오드는 성장, 발달에 도움을 주고 기초 대사량을 높여주는 필수 영양소예요.

재료

아이와 엄마가
1회씩 먹을 수 있는 양

달걀	1개
해물육수	500ml
무조미 김	전장 1장
다진 대파	1큰술
아기국간장	1~2작은술

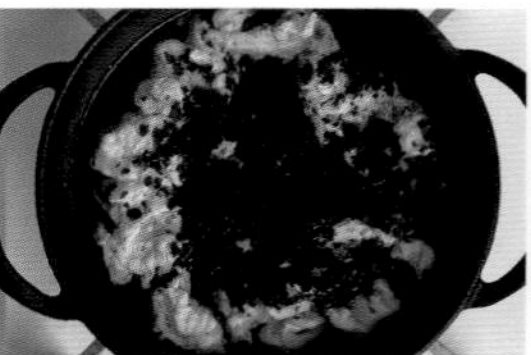
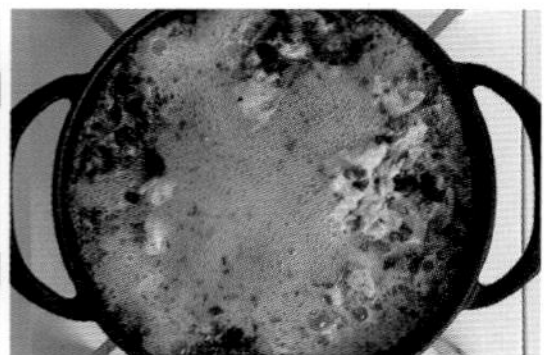

레시피

1 김은 약불로 달군 마른 팬에 올려 앞뒤로 구워준 다음 한 김 식히고 작게 부셔주세요.
2 냄비에 육수를 넣고 끓으면 달걀물을 동그랗게 부어주고 1 부순 김을 넣고 끓여주세요.
3 국간장을 넣어 간을 하고 다진 대파를 넣고 한소끔 더 끓여주세요.

Tip!

* 어른식에는 소금이나 액젓을 조금 추가해주세요.
* 구워서 판매하는 김을 재료로 사용할 경우에는 1 과정에서 굽는 과정을 생략해주세요.

들깨배춧국

들깨는 다양한 비타민과 미네랄이 함유돼 면역력 강화에 도움이 되고 감기 예방도 돼요! 음식에 넣어 먹으면 맛도 좋고요. 별다른 재료가 없어도 배추로 육수를 우려내서 시원하고, 푹 익힌 배추는 식감이 부드러워 아이들도 좋아해요.

아이와 엄마가
2~3회 정도 먹을 수 있는 양

알배추	80g
두부	1/2모(200g)
대파	10g
해물육수	550ml
된장	1/2큰술
들깨가루	1/2큰술

1 알배추와 두부는 먹기 좋은 크기로 썰어주고 대파도 작게 썰어주세요.
2 육수가 끓으면 먼저 된장을 풀고 배추, 두부를 넣고 한소끔 끓여주세요.
3 대파를 넣은 다음 들깨가루를 넣어 조금 더 끓여주세요.

Tip!

* 어른식에는 액젓을 조금 추가해 드시면 맛있어요.

새우어묵탕

어묵탕에 어묵만 넣고 끓이기보다는 새우를 추가해보세요.
다른 간을 더하지 않아도 국물 맛이 끝내줘요.

재료

아이와 엄마가 1회씩 먹을 양

새우	3~4마리(30g)
어묵	90g
무	120g
다진 대파	1큰술

[육수]

해물육수	550ml
국간장	1/2작은술

레시피

1 손질된 새우와 어묵, 무는 얇고 먹기 좋은 크기로 썰어주세요.
2 육수 재료에 무를 넣고 반쯤 익을 때까지 끓여주세요.
3 새우와 어묵을 넣고 한소끔 더 끓여주세요.
4 다진 대파를 넣고 국간장으로 간을 해주세요.

Tip!

* 어른식에는 액젓이나 소금으로 간을 더해 맛있게 드세요.

황탯국

황태는 고단백 저지방 식품이에요.
입맛 없는 아이들을 위한 기력 보충 레시피랍니다.

아이와 엄마가
여러 번 먹을 수 있는 양

말린 황태	15g
달걀	1개
다진 대파	1큰술
해물육수	600ml
다진 마늘	1작은술
아기국간장	1작은술
소금	1~2꼬집
참기름	1/2큰술

1. 황태는 물에 담가 1시간 정도 불린 다음 남은 잔가시를 제거하고 작게 잘라주세요. 달걀 1개를 잘 풀어주세요.
2. 냄비에 참기름과 1 황태를 넣고 약불에 올려 볶아주세요.
3. 육수를 붓고 끓어오르면 달걀물을 동그랗게 붓고 다진 마늘, 다진 대파를 넣고 국간장, 소금으로 간을 해주세요.

* 어른식에는 액젓을 추가해 드시면 더욱 맛있어요.
* 과정 3에서 육수 다음으로 감자를 추가 재료로 넣어줘도 맛있어요.

미소된장국

냉장고에 두부만 있으면 수시로 만들 수 있는 메뉴예요.
서윤이네는 미소된장보다는 일반 된장을 조금만 넣어 심심하게 끓여 먹기를 좋아해요.
후루룩 부담 없이 먹을 수 있는 국이라
메인 메뉴에 곁들여 먹을 국을 찾으신다면 미소된장국을 한 번 끓여보세요!

아이와 엄마가
1회씩 먹을 수 있는 양

두부	150g
된장(또는 미소된장)	1~2큰술
팽이버섯	50g
불린 미역	30g
대파	10g
해물육수	550ml

1 미역을 물에 담가 불린 다음 조물조물 한두 번 씻어내고 물기를 제거한 다음 가위로 먹기 좋게 잘라주세요.

2 두부는 깍둑썰기 하고 팽이버섯도 먹기 좋은 크기로 썰어주세요.

3 냄비에 육수를 붓고 끓어오르면 된장을 풀고 두부, 미역, 버섯을 넣고 끓여주세요.

4 대파를 넣고 한소끔 더 끓여주세요.

Tip!

* 어른식에는 국간장이나 액젓을 추가해주세요.

소고기두부뭇국

아침으로 소고기두부뭇국을 한 그릇 내어주면 든든한 한 끼가 될 수 있어요.
소고기를 생략하고 두부뭇국으로 만들어도
오래 끓여낸 무에서 단맛이 우러나와 아주 맛있답니다.

재료

아이가 3~4회 먹을 수 있는 양

소고기(국거리용)	40g
두부	120g
무	100g
다진 마늘	1작은술
대파	10g
들기름	1/4 작은술
해물육수	1컵(400ml)

Tip!

* 레시피 2, 3번의 볶는 과정을 생략하고, 바로 육수를 붓고 나서 끓기 시작하면 소고기와 무를 넣고 조금 더 끓여주는 방법도 괜찮아요.
* 어른식에는 새우젓과 소금으로 간을 추가해 드세요.

레시피

1 무는 나박썰기를 하고 두부는 먹기 좋은 크기로 네모나게 썰어요. 대파도 썰어주세요.

2 약불로 달군 냄비에 들기름을 두르고 고기를 넣어 볶아주세요.

3 고기가 반쯤 익으면 무를 넣어 설익혀주세요.

4 육수는 먼저 300ml만 넣고 중불에서 한소끔 끓여주세요.

5 육수가 좀 졸아들면 나머지 100ml 육수를 추가해주고 새우젓으로 간을 한 다음 무가 부드럽게 익으면 두부와 대파를 넣어 조금 더 끓여주세요.

해물순두부찌개

부드럽고 순한 순두부찌개여서 아이들도 맵지 않게 후루룩 맛있게 먹을 수 있어요.
꼭 모둠 해물이 아니라 새우만 넣고 끓여줘도 훌륭합니다.

아이와 엄마가
2회 정도 먹을 수 있는 양

새우(또는 모둠 해물)	70g
애호박	60g
알배추	80g
순두부	200g
해물육수	600ml
다진 마늘	1작은술
다진 대파	2큰술
아기간장	1/2큰술
달걀	1개

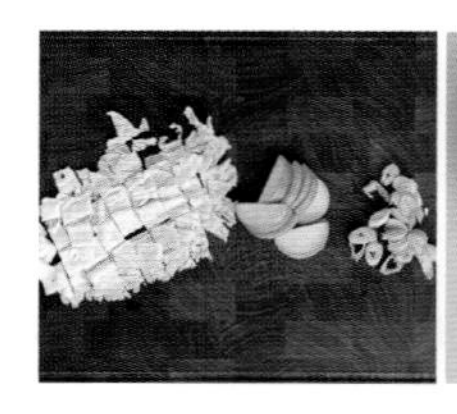

1 배추와 애호박은 먹기 좋은 크기로 썰어주세요. 대파는 작게 다져주세요.
2 각 해물을 손질하고 먹기 좋은 크기로 썰어주세요.
3 냄비에 육수를 붓고 끓어오르면 애호박, 배추, 다진 마늘을 넣고 끓이다가 순두부를 넣고 아기간장을 넣어 간을 해주세요.
4 달걀 1개를 3 찌개에 톡 떨어뜨린 다음 젓지 않고 2분 정도 더 끓여주세요.

Tip!
* 어른식에는 간장, 고춧가루, 청양고추를 추가해 드시면 훨씬 맛있어요.

감자쑥국

서윤맘은 봄에 직접 쑥을 뜯어서 국을 끓여 먹기도 했어요.
감자쑥국에는 된장 대신 소금 간을 하고 들깨가루를 듬뿍 넣어보세요!
서윤이는 은은한 쑥향의 부드러운 쑥국에 밥을 양껏 말아서 기분 좋게 먹는답니다.

재료

아이와 엄마가
2회씩 먹을 수 있는 양

쑥	100g
무	250g
감자	100g
들깨가루	3큰술
해물육수	1L
소금	1/2작은술

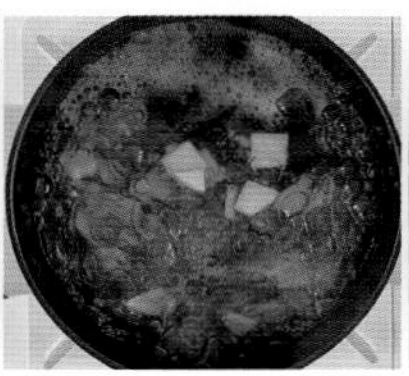

1 감자와 무는 나박썰기 해주고 대파를 썰어주세요.
2 강불에 얹은 냄비에 육수를 붓고 무를 먼저 넣어 20분 정도 끓여주세요.
3 감자와 쑥을 넣고 약불로 줄여준 뒤 30분 정도 뭉근히 끓여주세요.
4 소금을 넣어 간을 하고 들깨가루, 대파를 넣고 조금 더 끓이다가 불을 꺼주세요.

Tip!
* 쑥은 사이사이에 잡풀을 제거해주고 두꺼운 줄기도 잘라주세요. 흐르는 물에 씻지 말고 찬물에 담가서 여러 번 세척해야 흙먼지가 잘 씻겨나가요.

가자미들깨미역국

서윤이 식판에 소고기미역국과 가자미살구이를 함께 준 적이 있어요.
구운 가자미살을 미역국에 넣고는 수저로 쿡 눌러 으깨놓고는
숟가락으로 푹푹 떠서 정말 맛있게 먹더라고요.
그 후로는 가자미를 미역국에 넣고 자주 끓여줬어요.

아이와 엄마가
1~2회 먹을 수 있는 양

손질 가자미	30~40g
불린 미역	90g
들기름	1큰술
다진 마늘	1작은술
아기국간장	1큰술
들깨가루	1큰술
해물육수	650ml

1 냄비에 들기름과 다진 마늘을 넣어 약불에서 볶아주세요.

2 1에 불린 미역을 넣고 조금 더 볶아주세요.

3 육수 250ml를 먼저 넣어 보글보글 끓어오르면 중약불로 줄여서 뽀얀 국물이 나올 때까지 끓여주세요.

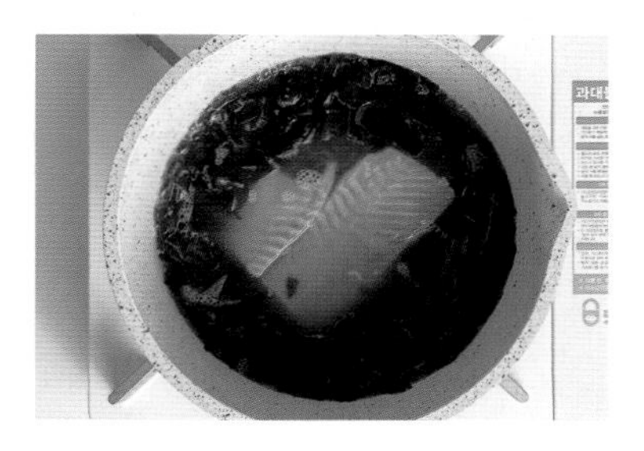

4 나머지 육수를 모두 붓고 끓어오르면 가자미살을 넣고 한소끔 더 끓여주세요.

5 국간장을 넣어 간을 하고 들깨가루를 넣어주세요.

Tip!

* 어른식에는 국간장과 액젓을 추가해 드시면 더 맛있어요.
* 가자미살은 흰살생선으로 대체 가능해요!

5장

맛있는 반찬

side dishes

어릴 때부터 아이에게 식감과 맛이 다양한 식재료를 접하도록 돕는 것이
곧 아이가 편식하지 않도록 돕는 좋은 방법이라고 생각해요.
그래서 매 계절마다 제철 식재료로 맛있는 반찬을 만들어주었고
한 가지 식재료로도 다양한 조리법으로 바꿔 만들어주었어요.
여러분도 레시피 하나하나를 도장 깨기 하듯 전부 만들어보셨으면 합니다.

당근달걀볶음

반찬이 필요할 때 5분 안에 간단하게 만들 수 있는 레시피예요.
당근은 부드러울 정도로 푹 익혀야 아이들이 거부감 없이 잘 먹을 수 있어요.
오일에 볶아도 좋지만 육수에 넣어 물볶음을 하면 감칠맛도 올라가고 부드럽게 익힐 수 있어서 좋아요.

아이가 1회 먹을 수 있는 양

달걀	1개
당근	20g
채수	4큰술
오일	1/2작은술
소금	1/2꼬집

1 달걀 1개는 소금으로 간을 해서 풀어주고 당근은 필러로 얇게 깎은 뒤 먹기 좋은 크기로 썰어주세요.
2 팬에 육수를 부어 당근을 넣고 졸이면서 물볶음을 해주세요.
3 육수가 모두 졸아들면 한쪽으로 몰아놓고, 비어 있는 쪽에 오일을 두른 뒤 달걀을 스크램블 해주고 섞어주세요.

Tip!
* 달걀을 넣기 전에 팬이 과열 상태일 땐 불을 끄고 잠시 식힌 뒤 달걀을 부어야 부드럽게 익어요.
* 채수는 큐브형 밀폐 용기에 담아 냉동 보관해두면 소량씩 필요할 때 꺼내서 쓰기 좋아요.

양파달걀부침

특별히 장을 봐오지 않고도 만들 수 있는 메뉴가 있으면 좋더라고요.
익을수록 단맛이 강해지는 양파로 달달한 달걀부침을 만들어주면 잘 먹는 반찬이 될 거예요.

재료

아이와 엄마가
1회씩 먹을 수 있는 양

달걀	1개
양파	20g
소금	1꼬집

1 양파는 작게 깍둑썰기 하고 달걀 1개는 소금을 넣고 풀어주세요.
2 중불로 달군 팬에 오일을 두르고 양파를 넣고 볶아주세요.
3 양파가 투명하게 익으면 양파 위로 달걀물을 부어주세요.
4 약불로 줄이고 앞뒤 노릇하게 익혀주세요.

Tip!

* 돌 전후 아가들은 팬에 채수 또는 물을 자작하게 넣어 물볶음을 해준 뒤 달걀물 부어줘도 좋아요.

두부강정

두부를 좋아하는 서윤이가 너무 좋아하는 메뉴예요!
쫀득하고 부드러운 식감이라 어린아이들이 먹기에 부담이 없고
달달한 양념에 졸여내서 두부를 싫어하는 아이도 잘 먹을 수 있을 거예요.

재료

아이와 엄마가
1회씩 먹을 수 있는 양

두부	170g
전분가루	2큰술

[양념]

물	60ml
아기간장	1큰술
올리고당	1/2큰술
맛술	1/2큰술
설탕	1/2작은술

Tip!

* 두부를 구울 때 전분가루 때문에 서로 들러붙을 수 있으니 간격을 두고 떨어뜨려서 올려주세요.

레시피

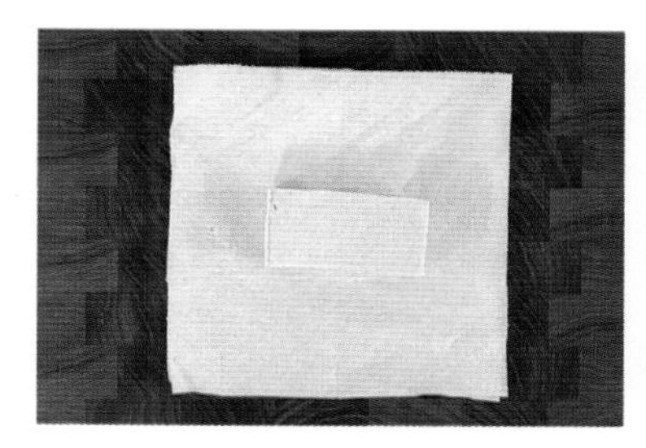

1 두부는 전자레인지에서 1분간 돌리고 키친타월 위에 올려 물기를 제거해주세요.

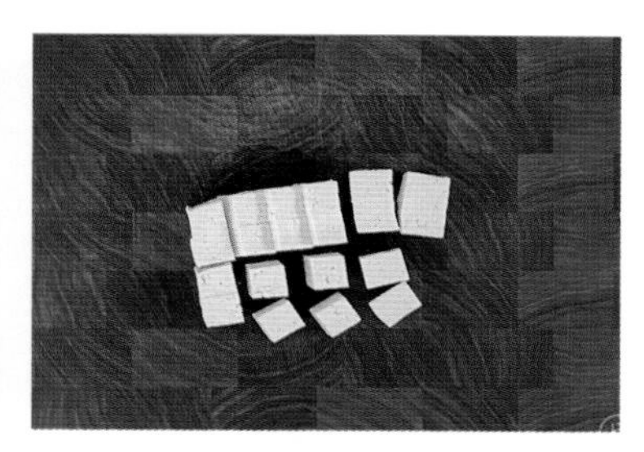

2 먹기 좋은 크기로 깍둑썰기 해주세요.

3 비닐 팩에 전분가루를 넣은 뒤 두부를 넣어 흔들어서 골고루 묻혀주세요.

4 냄비에 오일을 넉넉히 두르고 두부를 넣어 여섯 면을 모두 노릇하게 구워주세요.

5 잘 구워진 두부는 키친타월 위에 얹어 기름을 제거해주세요.

6 팬은 키친타월로 닦은 후 양념 재료를 모두 넣고 1분 정도 끓인 후 구운 두부를 넣고 양념이 졸아들 때까지 끓여주세요.

애호박치즈랑땡

반찬으로도 좋지만 밥 없이 한 끼 식사로도 훌륭한 요리예요.
아이들은 무조건 반찬만 먹으려고 하는 시기가 있어요.
서윤이도 똑같이 겪었고요. 그럴 땐 꼭 밥과 반찬이 아니어도 돼요.
다른 방법으로도 얼마든지 대체 가능하답니다.

아이와 엄마가
1~2회 먹을 수 있는 양

애호박	80g
두부	1/4모(130g)
전분가루	2큰술
오트밀가루	1큰술
물	3큰술
아기치즈	1장
소금	1꼬집

1 애호박은 최대한 얇게 채 썰어서 소금 1꼬집을 넣고 10분 정도 두세요.

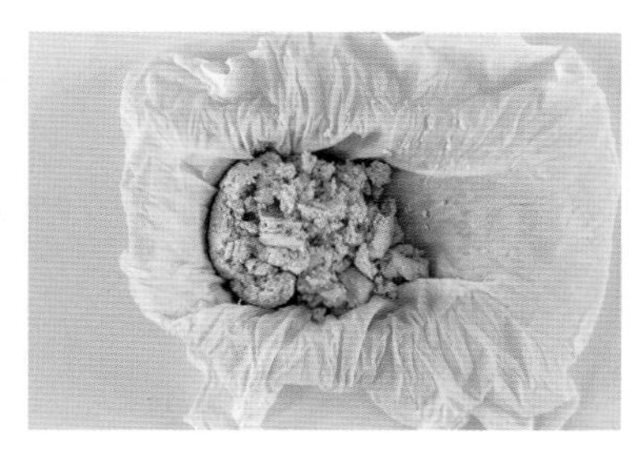

2 두부는 내열 용기에 담아 전자레인지에서 1분간 돌려주고 면보로 감싸 물기를 꾹꾹 짜주세요.

3 믹싱 볼에 두부를 넣어 포크로 으깨주고, 치즈를 제외한 모든 재료를 넣고 골고루 섞어 반죽을 만들어주세요.

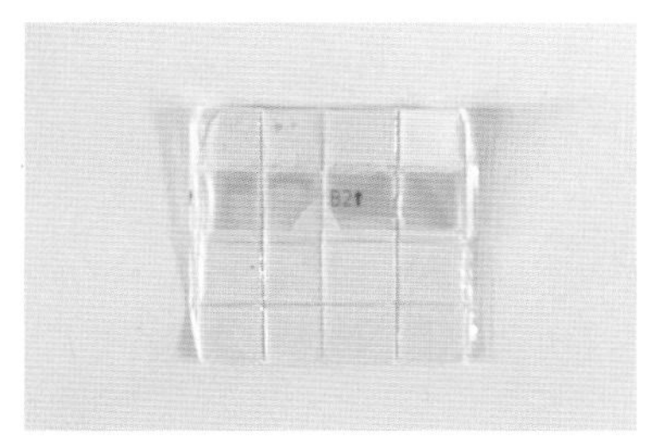

4 아기치즈는 비닐을 벗기지 않은 채로 칼집을 내주면 떼어내기가 편해요.

5 조금씩 떼어낸 반죽은 속에 치즈를 조금씩 넣어주고 다시 반죽으로 덮어 동글납작하게 빚어주세요.

6 약불로 달군 팬에 오일을 두르고 앞뒤 노릇하게 천천히 구워주세요.

Tip!

* 반죽이 너무 두꺼우면 속까지 익지 않을 수 있어요.
* 재료에 물 3큰술은 재료들의 수분에 따라 양을 가감해서 넣어주세요.
* 오트밀가루는 오트밀을 믹서에 넣고 갈아주면 돼요.

아보카도감자매시

마요네즈 대신 아보카도를 넣어서 훨씬 더 건강한 레시피예요.
중간 중간 씹히는 푸룬은 맛도 좋고, 변비 예방에도 좋아서
변비로 힘들어하는 아이들에게도 좋은 식재료예요.

재료

아이와 엄마가
1회씩 먹을 수 있는 양

감자	중간 크기 1개(95g)
아보카도	1/2개(60g)
달걀	1개
푸룬 (말린 자두)	1개
레몬즙	1작은술
소금	2꼬집

레시피

1 끓는 물에 소금 1꼬집을 넣고 감자와 달걀을 넣고 삶아주세요. 달걀은 12분 동안 삶고 먼저 꺼내 찬물에 담가 식혀주고 감자는 완전히 익을 때까지 삶아주세요.

2 푸룬 1개는 잘게 잘라주세요.

3 감자, 달걀, 아보카도는 각각 으깨어주고 푸룬도 함께 볼에 담아 레몬즙과 소금 1꼬집을 넣어 잘 섞어주세요.

Tip!

* 푸룬은 건포도로 대체 가능하고 생략하셔도 좋아요.

카레맛달걀찜

달걀찜은 그냥 만들어도 맛이 좋지만 약간의 카레가루를 활용하면 색다른 요리가 될 수 있어요!
반찬으로 내어도 좋고 덮밥처럼 밥이랑 함께 비벼 먹어도 맛이 좋답니다.

재료

아이와 엄마가
1회씩 먹을 수 있는 양

달걀	2개
해물육수	5큰술
당근	10g
카레가루	1작은술

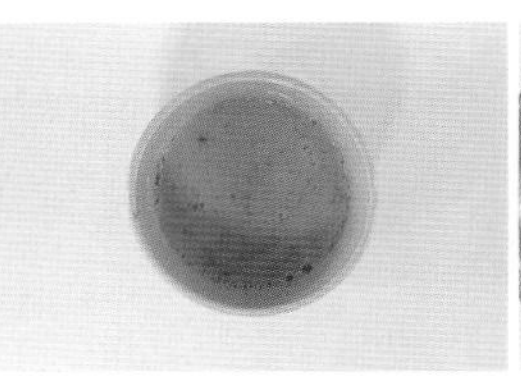

레시피

1 육수에 카레가루를 넣어 잘 풀어주세요.

2 달걀 2개를 풀어준 뒤 1 육수와 섞고 다진 당근을 넣어 용기를 랩으로 감싸주세요.

3 찜기에 물이 끓으면 2 용기를 올리고 뚜껑을 덮어 중약불에서 10분, 포크로 달걀을 섞어준 다음 다시 5~10분간 쪄주세요.

Tip!

* 어른식에는 카레가루를 더 추가하거나 소금 1꼬집을 넣어주세요.
* 다양한 채소들을 다져 넣어도 좋아요.

어묵볶음

달콤 짭조름한 어묵볶음을 싫어하는 아이들이 있을까요? 밥반찬으로 언제나 환영받는 레시피예요!
쉽게 접할 수 있는 음식이지만 은근히 어려운 레시피가 아닐까 싶어요.
레시피는 지금부터 익혀두었다가 아이가 초등학생, 고등학생이 되어서도 맛있게 만들어주세요.

재료

아이와 엄마가
2회 정도 먹을 수 있는 양

어묵	70g
당근	15g
애호박	30g
양파	50g
다진 마늘	1작은술

[양념]

채수	4큰술
아기간장	1큰술
올리고당	1/2큰술
맛술	1/2큰술

레시피

1 채소들은 먹기 좋은 크기로 썰고 어묵은 뜨거운 물을 한 번 끼얹어준 다음 물기를 제거해주세요.
2 중불로 달군 팬에 오일을 두르고 다진 마늘과 양파를 넣고 볶아주세요.
3 당근과 애호박을 넣어 천천히 볶으며 익혀주세요.
4 채소들이 반 이상 익으면 어묵과 양념을 넣고 약불로 줄여 천천히 졸여주세요.

* 어른식에는 간장과 고춧가루를 추가하면 더 맛있게 드실 수 있어요.

감자치즈호떡

호떡처럼 납작하게 구워주면 반찬으로도 간식으로도 어디에나 잘 어울려요.
익힌 재료로 반죽하는 레시피라 요리할 때 아이도 참여해서 함께 만들면 촉감놀이로도 좋아요.
아이가 직접 만든 요리라 더 맛있게 잘 먹을 거예요!

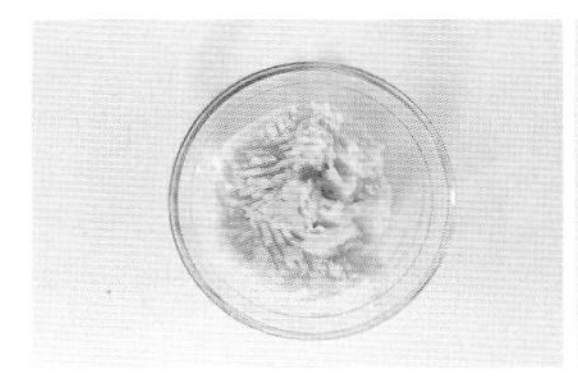

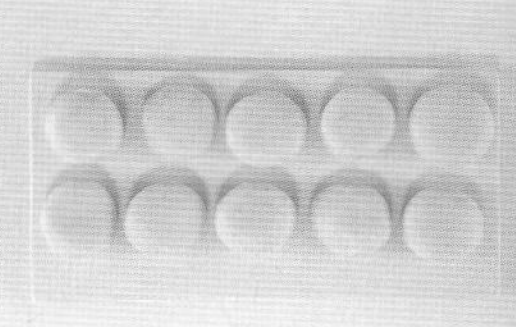
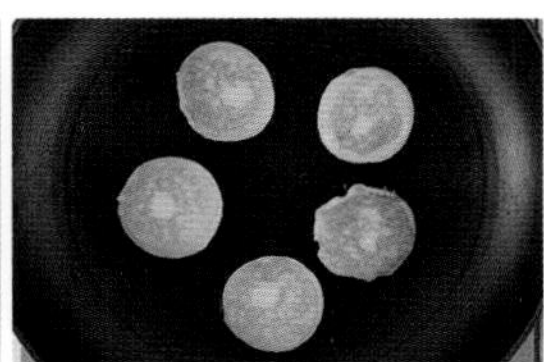

재료

호떡 10~12개 분량

감자	중간 크기 3개 (200g)
모차렐라치즈	10g
아기치즈	1장
전분가루	2작은술

레시피

1 감자는 필러로 껍질을 제거하고 4등분한 뒤 찜기에 넣어 푹 찌고 포크로 으깨주세요.
2 모차렐라치즈, 아기치즈를 전자레인지용 용기에 담고 전자레인지에서 20초 정도 돌려 치즈를 녹여주세요. 1 감자에 녹인 치즈에 전분가루 넣고 섞어서 반죽해주세요.
3 적당한 양으로 떼어내 동글납작하게 모양을 내주세요.
4 중불로 달군 팬에 오일을 두르고 감자 반죽을 올려 앞뒤 노릇하게 구워주세요.

Tip!

* 모차렐라치즈는 간이 조금 셀 수 있어서 어린아이들은 생략해도 좋아요.

치즈김전

먹다 남아 눅눅해진 김이 있다면 이제 버리지 말고 치즈김전을 만들어 드세요.
아이 반찬으로도 어른 술안주로도 아주 좋은 레시피예요.
서윤이도 치즈김전이 식판에 나오는 날엔 빛의 속도로 먹어치워버린답니다.

재료

아이와 엄마가
1회씩 먹을 수 있는 양

무조미 김	8장
아기치즈	2장
달걀	1개
애호박	7g
당근	7g
양파	10g

Tip!

* 어른식으로는 아기치즈를 체더치즈로 대체해 만들고 달걀물에 소금 1꼬집을 넣어 구워주면 맛있어요.

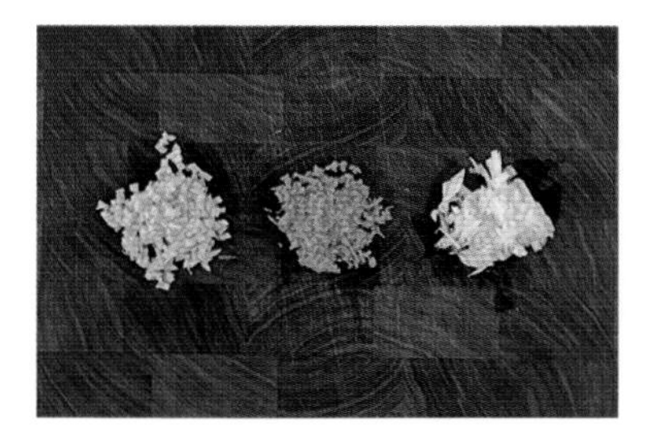

1 당근, 양파, 애호박을 잘게 다져주세요.

2 달걀 1개는 알끈을 제거해서 풀어주고 다진 채소를 넣어 섞어주세요.

3 아기치즈는 1/2등분 내주고 김도 치즈 크기에 맞춰 잘라주세요.

4 김 2장 사이에 치즈를 넣어 포개어주세요.

5 4 김에 2 달걀물을 듬뿍 묻혀서 약불로 달군 팬에 올려 노릇노릇 구워주세요.

애호박치즈까스

물컹한 식감의 애호박전은 안 먹는 아이들이 의외로 많더라고요.
빵가루를 묻혀 튀겨놓으니 바삭바삭해서 과자를 먹는 것 같아 아이들이 아주 좋아한답니다.
조금 더 큰 아이들은 모차렐라치즈를 넣어 만들어주면 훨씬 맛있게 먹을 수 있어요.

재료

아이가 1~2회 먹을 수 있는 양

애호박	70g
아기치즈	1/2장 (슬라이스치즈)
전분가루	1큰술
달걀	1개
빵가루	1/2컵

레시피

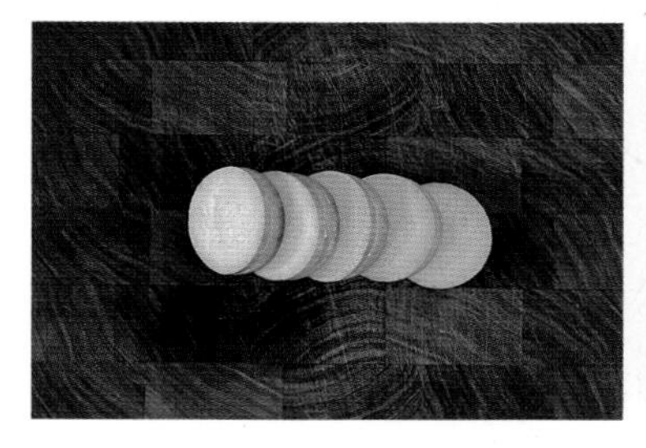

1 애호박은 7mm 두께로 썰어주고 가운데에 2/3가량 칼집을 내주세요.

2 애호박 사이에 치즈를 한 조각씩 끼워 넣어주세요.

3 2를 전분가루, 달걀물, 빵가루 순으로 골고루 묻혀주세요.

4 종이 포일 위에 얹어 170℃ 에어프라이어에서 5분, 뒤집어서 2분 더 구워주세요.

Tip!

* 애호박의 옆면에도 빵가루를 골고루 묻혀주면 구울 때 치즈가 튀어나오지 않아요.
* 오일 두른 팬에 튀기듯 구워주면 더 맛있어요.
* 습식 빵가루를 추천해요. 구하기 어려우면 식빵을 마른 팬에 굽고 초퍼로 다져 활용할 수 있어요.

감자조림

푸석하거나 부서지지 않는 감자조림 레시피예요. 아이들 밥반찬으로 너무 훌륭해요.
간단한 재료로 쉽게 만들 수 있는 레시피라
오늘 저녁 아이 반찬이 고민된다면 감자조림을 만들어보세요.

재료

아이가 여러 번 먹을 수 있는 양

감자 1개(100g)
당근 35g
올리고당 1큰술

[양념]
채수(또는 물) 120ml
아기간장 1/2큰술
설탕 1/2큰술
다진 마늘 1/2작은술

레시피

1 감자와 당근은 먹기 좋은 크기로 깍둑썰기 해주고 감자는 물에 10분 정도 담가두었다가 물기를 제거해주세요.

2 레시피 분량대로 양념을 만들어주세요.

3 약불로 달군 팬에 올리고당과 감자를 넣어 3분 정도 볶다가 불을 끄고 5분 정도 두세요.

4 양념과 당근을 함께 넣고 강불에서 끓여주세요.

5 양념이 끓어오르면 약불로 줄이고 졸아들 때까지 끓여주세요.

Tip!

* 감자에 올리고당을 넣고 볶다가 잠시 식혀주면 삼투압 현상으로 감자의 수분이 빠져나와 푸석하지 않고 쫀쫀한 식감의 감자가 돼요. 취향에 따라 레시피 3번 과정은 생략해도 됩니다.
* 올리고당은 조청으로 대체 가능해요.

야채두부너겟

채소를 어떻게 하면 많이 먹일 수 있을까 고민하다가
서윤이가 두부를 좋아해서 개발해낸 야채두부너겟이에요.
아이가 편식하는 채소를 넣어주면 감쪽 같아요. 조금은 귀찮을 수 있는 레시피지만
한번 먹어보면 또 만들고 싶어져요. 너무 맛있어서!

너겟 6~8개 분량

두부	1/2모(200g)
당근	20g
애호박	20g
양파	30g
달걀물	2큰술
소금	1꼬집
달걀	1개
밀가루	3큰술
빵가루	1컵

1 두부는 끓는 물에 30초 데친 뒤 면보에 감싸 물기를 꾹 짜주세요.

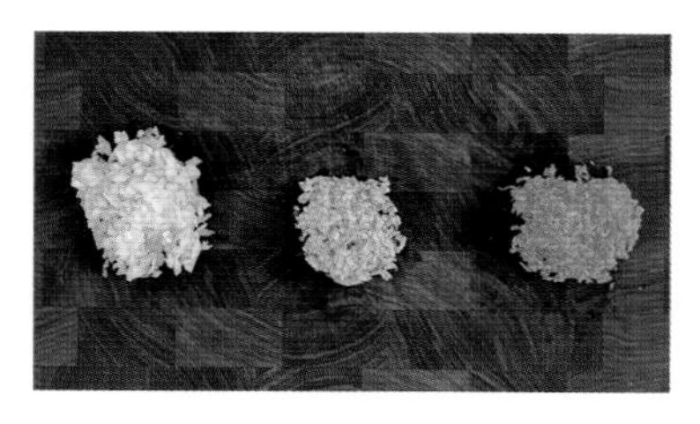

2 양파, 당근, 애호박을 잘게 다져주세요.

3 마른 팬에 2를 넣고 중불에서 수분을 날려가며 볶고 익으면 접시에 넓게 펼쳐 담고 식혀주세요.

4 믹싱 볼에 두부, 볶은 채소, 달걀물 2큰술을 넣고 비닐장갑 낀 손으로 반죽하듯 잘 섞어주세요.

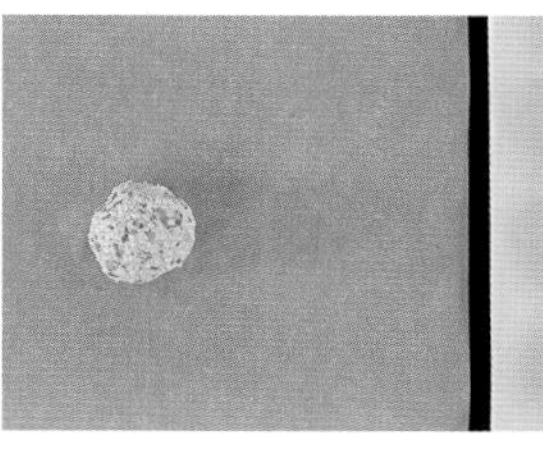

5 4 반죽을 조금씩 떼어내 종이 포일 위에서 두드려가며 네모 납작한 모양을 만들어주세요.

6 밀가루, 달걀물, 빵가루 순으로 골고루 묻혀주세요.

7 중약불로 달군 팬에 오일을 넉넉히 두르고 튀기듯 구워주세요.

8 옆면도 돌려가며 모든 면을 구워주세요.

Tip!

* 치즈디핑소스는 약불로 달군 냄비에 무염버터 5g을 녹이고 우유 50ml를 부어서 끓기 시작하면 아기치즈 1~2장 넣고 녹여주면 됩니다. 농도를 보며 치즈 양을 조절해주세요.
* 카레에 토핑으로 곁들여 먹어도 정말 맛있어요.
* 두부를 얼리면 식감이 달라져 싫어하는 아이들도 많아요. 튀겨서 한 김 식힌 뒤 냉장 보관해두었다가 에어프라이어에 살짝 돌려주면 다시 바삭바삭 해져요. 2일 안에 섭취하는 게 좋아요.

감자새우고로케

'겉바속촉' 부드러운 감자 속에 새우가 톡톡 씹혀서 정말 맛있답니다.
대부분 아이들은 브로콜리를 먹기 싫어하더라고요.
서윤이도 처음 유아식 들어가고 브로콜리는 편식했어요.
그럴 땐 이 레시피처럼 부재료로 사용하며 향이나 맛에 적응을 시켜보세요.
지금은 브로콜리만 쪄서 무쳐줘도 잘 먹어요.

12~15개 분량

감자	중간 크기 2개(180g)
왕 새우	3마리(70g)
브로콜리	30g
설탕	1작은술(생략 가능)
무염버터	10g
우유	2큰술
달걀	1개
밀가루	3큰술
빵가루	6큰술

Tip!

* 에어프라이어 조리 시 180°C에서 10분 동안 조리해주세요.
* 감자의 수분량에 따라 반죽이 너무 질 수도 있으니 우유의 양을 조절해 넣어주세요.
* 튀겨낸 고로케는 한 김 식혀 소분한 뒤 밀폐해서 냉동고 넣어두세요. 필요할 때마다 조금씩 꺼내 데워 먹으면 간편해서 좋아요.

1 감자와 브로콜리는 찜기에 각각 10분, 3분 동안 쪄주세요.

2 새우는 내장을 손질한 뒤 칼로 잘게 다져주세요.

3 감자는 곱게 으깨어주고 브로콜리는 잘게 다져 넣고 버터, 우유, 설탕을 넣어 골고루 섞어주세요.

4 3에 새우를 넣고 주걱으로 가볍게 섞어주세요.

5 반죽을 조금씩 떼어내 동그랗게 만들고 밀가루, 달걀, 빵가루 순으로 묻혀주세요.

6 기름에 노릇노릇 튀겨주세요.

브로콜리사과무침

특별한 드레싱소스 없이도 깔끔하고 맛있는 샐러드를 만들 수 있어요.
또 올리브오일 섭취 시 얻을 수 있는 효능은 여러 가지가 있어요. 특히나 성분 중 식물성 오메가 3는 성장기 아이들에게 필수 영양소 중 하나로, 이 레시피로 자연스럽게 섭취할 수 있어 좋아요.

재료

아이와 엄마가
1회씩 먹을 수 있는 양

브로콜리 40g
사과 20g

[양념]
올리브오일 1작은술
아가베시럽 1작은술
레몬즙 1/3작은술

1. 브로콜리는 찜기에 넣어 3분간 찐 다음 찬물에 담가 식히고 물기를 제거해주세요.
2. 사과는 얇고 먹기 좋은 크기로 썰어주세요.
3. 모든 재료를 볼에 담고 양념을 골고루 묻혀주세요.

* 엑스트라버진 올리브오일을 사용해보세요. 엑스트라버진 올리브오일은 강한 풍미와 향을 가지고 있어 샐러드 드레싱이나 빵에 뿌려 먹기에 좋은 오일입니다. 퓨어 올리브오일은 화학적 처리를 통해 만들어진 오일로 향이나 풍미가 적고 산도가 높은 오일이라 생으로 먹기보단 열을 가해 조리할 때 사용합니다.

비타민버섯볶음

비타민이라는 채소는 '다채'라고도 불러요. 이름처럼 비타민이 다량 함유된 다채는 철분과 칼슘이 풍부해서 유아기, 청소년기 아이들의 성장과 발달에도 좋아요. 약간의 씁쓸한 맛이 있어 고체 치즈를 넣어 풍미를 더했어요!

재료

아이와 엄마가 1회씩 먹을 수 있는 양

비타민	70g
버섯	35g
대파	5g
소금	1/2꼬집
고체 치즈	1작은술

1 대파는 작게 썰고 비타민, 버섯은 먹기 좋은 크기로 썰어주세요.
2 약불로 달군 팬에 오일을 조금 두르고 대파를 넣어 향이 올라올 때까지 볶아주세요.
3 비타민과 버섯을 넣고 숨이 살짝 죽을 때까지 볶다가 소금으로 간을 해주세요.

Tip!

* 접시에 담고 고체 치즈를 갈아 올려주면 풍미가 좋아요. 치즈에 간이 되어있으니 조리 시 소금은 생략 해도 됩니다.
* 버섯은 양송이버섯, 느타리버섯 등 모두 가능해요.
* 비타민은 시금치보다 억센 편이라 볶기 전 끓는 물에 한 번 데치고 조리해주는 것도 좋은 방법이에요.

브로콜리두부무침

들기름에 부순 참깨를 가득 담아 조물조물 무쳐내면 한 숟가락 가득 퍼먹게 되는 고소한 요리예요.
반찬으로도 좋고 남은 브로콜리두부무침은 밥 한 공기에 김가루, 들기름을 둘러 비벼 먹어도 아주 맛있어요.

재료

아이와 엄마가
1회씩 먹을 수 있는 양

브로콜리	90g
두부	1/2모(200g)
들기름	2작은술
국간장	1/2큰술
부순 참깨	1큰술

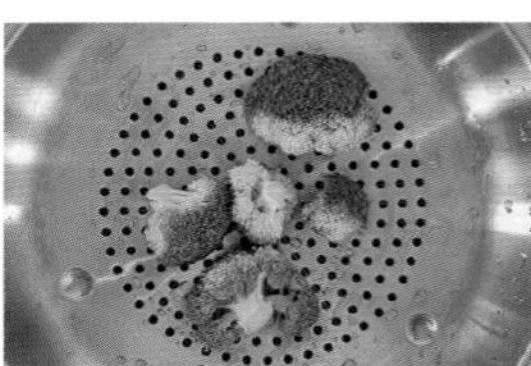

1 두부는 끓는 물에 1분 정도 데치고 한 김 식힌 뒤 면보에 넣어 꾹 짜주세요.
2 깨끗하게 세척한 브로콜리는 먹기 좋은 크기로 썰어 찜기에 3분 정도 쪄주고 찬물에 담가 식힌 다음 물기를 제거해주세요.
3 볼에 두부, 브로콜리, 모든 양념을 넣어 조물조물 무쳐주세요.

* 어른식 양념엔 국간장 1작은술, 멸치액젓 1/2작은술을 추가하면 더욱 맛있어요.
* 브로콜리는 3분 정도 찌면 아삭아삭한 식감, 5분 정도 찌면 부드러운 식감이 돼요.

감자버섯볶음

흔히 만들어 먹는 감자채볶음이랑은 또 다른 맛이에요. 제가 정말 좋아하는 반찬이기도 하고요.
소금이 아닌 국간장으로 간을 해서 더 감칠맛 나고 고소한 감자볶음 레시피예요.

재료

아이와 엄마가
1회씩 먹을 수 있는 양

감자	1개(60g)
느타리버섯	30g
다진 대파	1큰술
아기국간장	1/2작은술
참기름	1/2작은술
부순 참깨	1작은술

레시피

1 감자는 얇게 썰어 찬물에 담가두고 느타리버섯은 잘게 찢어 먹기 좋게 썰어주세요.
2 중불로 달군 팬에 오일을 두르고 다진 대파를 넣어 향이 올라올 때까지 볶아주세요.
3 찬물에 담가둔 감자는 물에 여러 번 헹구고 물기를 제거한 뒤 2 팬에 넣어 볶아주세요.
4 감자가 익으면 느타리버섯을 넣은 다음 국간장을 넣어 간을 하고 버섯에서 수분이 어느 정도 나올 때까지 볶아주세요. 불을 끄고 참기름 두르고 부순 참깨를 뿌려주세요.

* 다진 소고기를 추가해줘도 맛있어요. 감자가 반쯤 익었을 때 넣고 볶아주세요.

불고기치즈달걀말이

서윤이가 너무 좋아하는 메뉴예요.
간단한 재료만으로도 식당에서 파는 듯한 비주얼과 맛을 낼 수 있답니다.
어른 아이 할 것 없이 좋아할 만한 메뉴지요?

재료

아이와 엄마가
1회씩 먹을 수 있는 양

소고기(불고기용)	40g
달걀	2개
아기치즈	1장
아기간장	1작은술
맛술	1/2작은술
아가베시럽	1작은술
참기름	1/2작은술

레시피

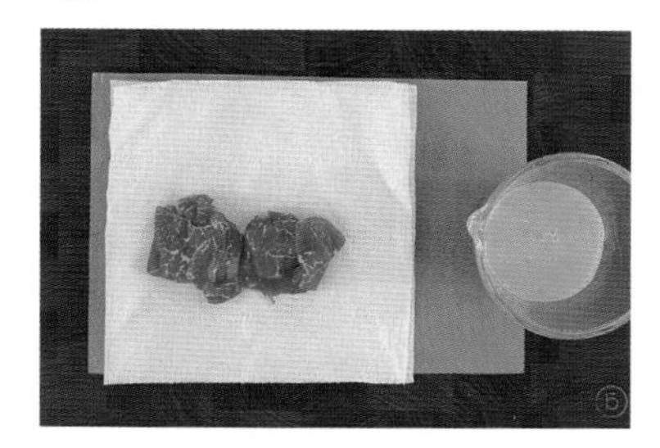

1 소고기는 키친타월로 꾹꾹 눌러 핏물을 제거해주세요. 달걀은 잘 풀어주세요.

2 소고기에 밑간 양념을 모두 넣어 조물조물 무쳐준 뒤 20분 정도 재워두세요.

3 중불로 달군 팬에 오일을 조금 두르고 소고기를 넣어 수분을 날려가며 볶고, 익으면 잠시 덜어두세요.

4 팬을 깨끗이 닦고 약불에서 오일을 두른 뒤 달걀물 1/3 정도 부어주고 치즈와 불고기를 올려주세요.

5 김밥처럼 감싸며 말아주고 나머지 달걀물을 부어가며 말아주세요.

Tip!

* 일반 불고기용 소고기를 구매하면 두껍고 질길 수 있어요. 정육점에 가서 얇게 썰어달라고 하는 걸 추천해요. 양념에 재운 고기를 볶을 때 양손에 주걱을 쥐고 숙숙 찢어주며 볶으면 훨씬 맛있어요.

머쉬룸치즈오믈렛

간단한 레시피이기도 하고 담백하고 부드러워서 아침식사로도 손색없는 메뉴예요.
식빵 두 장 사이에 끼워 샌드위치로 먹어도 정말 맛있답니다.

재료

아이와 엄마가
1회씩 먹을 수 있는 양

양송이버섯	1/2개(10g)
양파	20g
달걀	1개
우유	3큰술
소금	1꼬집
슬라이스 치즈	1장
무염버터	5g

1 양파와 양송이버섯은 기둥을 떼어내고 잘게 다져주세요.

2 달걀 1개에 우유, 소금을 넣고 잘 풀어 주세요.

3 약불로 달군 팬에 양파를 먼저 넣어 볶다가 투명해지면 버섯을 넣어 볶아주세요.

4 달걀물을 부어주고 젓가락으로 작은 동그라미를 그리듯 익혀주세요.

5 달걀이 완전히 익기 전 촉촉할 때 동글납작하게 모아주고 한쪽 면에 치즈를 얹어주세요.

6 1분 정도 뒀다가 반으로 접고 뒤집개로 10초 정도 살짝 누르고 있으면 모양이 잡혀요.

Tip!

* 달걀물을 붓기 전에 팬이 너무 과열되면 촉촉한 오믈렛을 만들 수 없어요! 살짝 식힌 후 달걀물을 부어 서서히 익혀주세요.

표고버섯가지탕수

달달한 탕수육소스에 버무린 표고버섯은 쫄깃한 고기의 식감이 나고 맛이 좋아요.
가지는 부드러워서 아이들이 먹기 딱이고요.
의외로 간단한 레시피라 꼭 한번 만들어보셔요.

아이와 엄마가
1회씩 먹을 수 있는 양

가지	70g
표고	40g
파프리카	20g
양파	40g
전분가루	1큰술

[양념]

물	150ml
아기간장	1큰술
맛술	1/2큰술
아가베시럽	1큰술
레몬즙	1작은술
굴소스	1/3작은술 (생략 가능)

1 가지와 표고버섯은 깍둑썰기를 하고 양파와 파프리카는 작게 썰어주세요.

2 가지, 표고버섯은 전분가루를 골고루 묻힌 다음 톡톡 털어주고 오일스프레이를 뿌려 175℃ 에어프라이어에서 15분 동안 구워주세요.

3 양념 재료를 모두 섞어주세요.

4 중불로 달군 팬에 오일을 조금 두르고 양파를 넣어 볶아주세요. 양파가 투명해지면 파프리카를 넣고 살짝 더 볶다가 3 양념을 넣어 1~2분 정도 끓여주세요.

5 2 튀긴 가지, 표고버섯을 넣고 골고루 버무려주세요.

Tip!

* 어른식에는 간장과 설탕을 추가해 간을 맞춰 드세요.

닭고기카레볼

다른 양념 필요 없이 카레가루 하나만 넣어도 담백하니 맛이 좋아요.
그냥 내어주는 것보다 귀여운 꼬치를 콕콕 꽂아주면
호기심 가득한 눈빛으로 관심을 가지고 또 더 잘 먹어줄 거예요.

아이와 엄마가
여러 번 먹을 수 있는 양

닭 안심	130g
다진 대파	2큰술
카레카루	1작은술
밀가루	2큰술
우유	150ml

1 닭 안심은 우유에 넣고 30분 정도 재워둔 다음 흐르는 물에 헹궈주고 물기를 제거해주세요.

2 닭 안심의 힘줄을 제거한 뒤 다져주고 대파도 잘게 다져주세요.

3 다진 닭고기와 다진 대파를 넣고 카레가루도 넣어 골고루 섞이게 반죽해주세요.

4 손바닥에 오일을 바르고 3 반죽을 조금씩 떼어내서 동그랗게 만들어주세요.

5 밀가루 위에서 굴려주고 톡톡 털어주세요.

6 중불로 달군 팬에 오일을 넉넉히 두르고 만들어놓은 반죽을 굴려가며 구워주세요.

* 닭가슴살로도 대체 가능해요. 닭고기를 다질 땐 초퍼를 사용하면 편해요.
* 카레가루는 아이의 간에 맞게 가감해서 넣어주세요.
* 반죽을 조금 덜어내 청양고추를 송송 다져넣고 소금, 후추를 추가해 구워주면 어른이 먹어도 맛있는 반찬 완성이에요.

수제어묵바

아이를 낳기 전엔 성분표도 보지 않고 식재료를 구매한 편이었지만,
아이를 낳고 아이가 처음 먹게 되는 식재료를 접하게 해주려니
첨가물이 많이 들어 있는 제품은 구매하기가 망설여지더라고요. 어묵은 특히나 첨가물이 많은 식품이고요.
번거롭지만 한 번 만들어 냉동고에 채워두면 어묵탕에 넣어 먹거나 반찬, 간식으로도 너무 좋아요.

아이와 엄마가
여러 번 먹을 수 있는 양

동태	170g
오징어	90g(몸통만 사용)
새우	60g
양파	60g
대파	40g
당근	40g
파인애플	70g
달걀	1개(흰자만 사용)
아기간장	1/2큰술
전분가루	6큰술

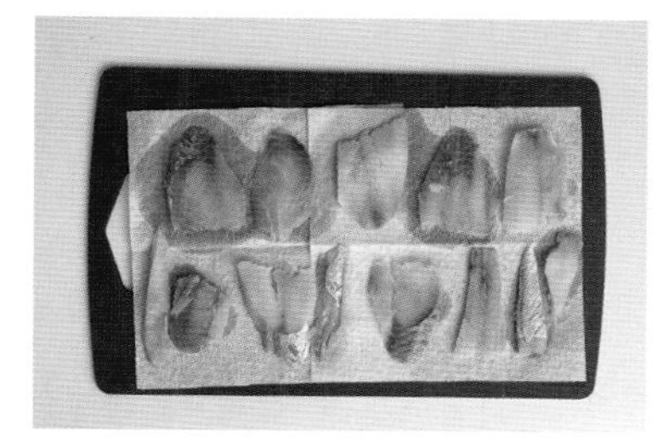

1 동태는 키친타월 위에 올려 물기를 제거하고 오징어와 새우는 함께 다져주세요.

2 양파, 대파, 당근, 파인애플을 다지고 1 다진 해물과 섞어주세요.

3 2 반죽에 달걀 흰자, 아기간장, 전분가루를 넣고 골고루 섞어주세요.

4 팬에 오일을 넉넉히 두르고 기름 온도 160℃ 정도에서 숟가락으로 조금씩 떼어내 튀겨주세요.

5 키친타월 위에 얹고 기름을 빼주세요.

6 도마 위에 3 반죽을 올려 2cm 두께로 편평하게 깔고 칼로 조금씩 떼어내 나무꼬치를 꽂아 4 기름에 튀겨주세요.

Tip!

* 나무꼬치를 꽂아 어묵바를 만드는 과정은 연습이 필요해요.

새우랑땡

레시피 재료로 두부가 들어가서 부드럽게 먹을 수 있고
사이사이 톡톡 씹히는 새우는 식감도 좋아요.
반죽 속에 먹기 싫어하는 야채를 작게 다져 넣어도 좋을 거 같지요?

아이와 엄마가
1~2회씩 먹을 수 있는 양

새우	90g
두부	80g
애호박	50g
당근	20g
파프리카	10g
달걀	1개
전분가루	2큰술
소금	2꼬집

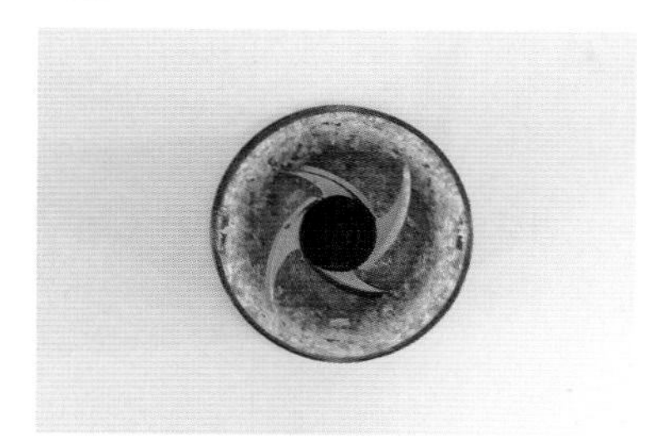

1 채소는 모두 핸드블랜더에 넣고 작게 다져주세요.

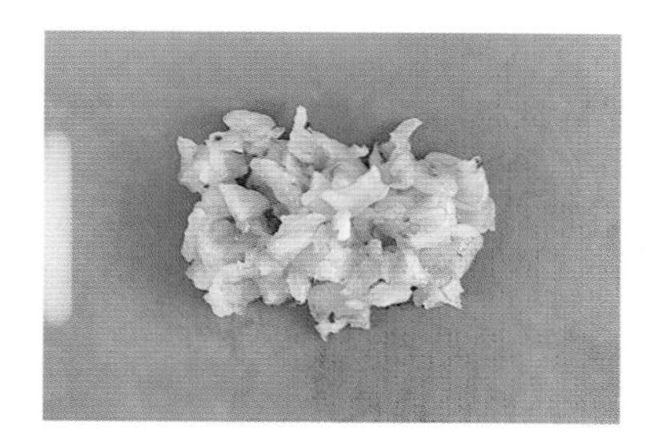

2 새우는 내장을 손질하고 작게 썰어주세요.

3 두부는 면보에 담고 꾹 짠 다음 으깨주세요.

4 모든 재료를 함께 넣고 잘 섞어 반죽을 만들어주세요.

5 약불로 달군 팬에 오일을 넉넉히 두르고 반죽을 조금씩 떠서 얹고 노릇노릇 구워주세요.

* 새우는 다지지 말고 적당한 크기로 썰어주어야 식감이 훨씬 좋아요.
* 약불에서 서서히 익혀주세요. 냉동 보관은 가능하지만 두부가 포함된 레시피라 추천하진 않아요! 또는 구워준 상태에서 밀폐 용기에 담아 3일 냉장 보관하고 먹기 전 에어프라이어에 데우거나 마른 팬에 올려 데워주세요.

감자샐러드

자극적이지 않고 부드러워 아이들이 잘 먹을 수 있는 레시피예요.
반찬으로 먹거나 빵 속에 넣어 우유와 함께 먹으면 한 끼 식사로도 든든하게 먹을 수가 있답니다.

재료

아이와 엄마가
여러 번 먹을 수 있는 양

감자	250g
달걀	2개
크래미	1쪽
옥수수콘	2큰술
사과	50g
마요네즈	2큰술
레몬즙	1작은술

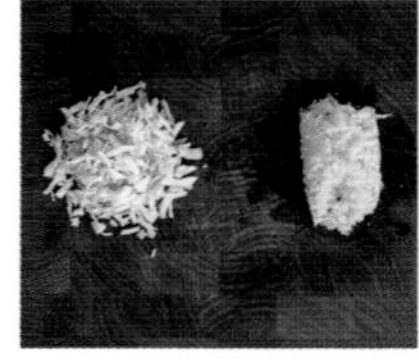

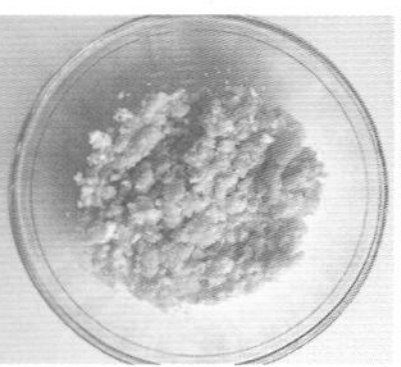

1 크래미는 잘게 찢은 다음 작게 다져주세요. 사과도 작게 다져줍니다.
2 감자는 껍질을 깎고 푹 익혀서 곱게 으깨주세요.
3 달걀 2개를 완숙으로 삶고 으깨주세요.
4 으깬 감자, 으깬 달걀을 섞고 사과, 크래미, 마요네즈, 레몬즙을 넣어 잘 섞어주세요.

Tip!

* 크래미는 끓는 물을 한 번 끼얹어 사용하면 염도를 낮출 수 있어요.

감자샐러드 샌드위치

감자샐러드를 만들어둔 다음 날 아침에는 꼭 모닝빵 속에 감자샐러드를 가득 넣고 우유랑 함께 내어줘요!
부드럽고 든든해서 아침 식사로도 제격이랍니다.

재료

아이가 1회 먹을 수 있는 양

모닝빵	1개
아기치즈	1장
감자샐러드	2스쿱
과일잼	1/2큰술

레시피

1 모닝빵을 반으로 가르고 잼을 발라주세요.

2 아기치즈와 감자샐러드를 넣어주세요.

Tip!

* 모닝빵은 식빵으로 대체해도 좋아요.

감자치즈해시브라운

아이 간식으로도 반찬으로도 영양만점! 맛은 2배.
고구마가 없다면 감자만으로 만들어도 맛있어요.

아이와 엄마가
1회씩 먹을 수 있는 양

감자	50g
고구마	30g
부침가루	1큰술
슬라이스 치즈	1장

Tip!

* 무염식 중이라면 부침가루 대신 밀가루로 대체 가능해요.
* 감자, 고구마는 최대한 얇게 채 써는 게 좋아요.

1 감자와 고구마는 필러로 껍질을 제거하고 채칼로 얇게 채 썰어주세요.

2 채 썬 감자, 고구마를 차가운 물에 세 번 정도 헹궈 전분기를 제거해주세요.

3 채반에 밭쳐 물기를 탈탈 털어내고 믹싱 볼에 담아 부침가루를 넣고 잘 섞어주세요.

4 슬라이스 치즈는 비닐을 제거하기 전에 칼로 6등분 내주면 떼어내기 편해요.

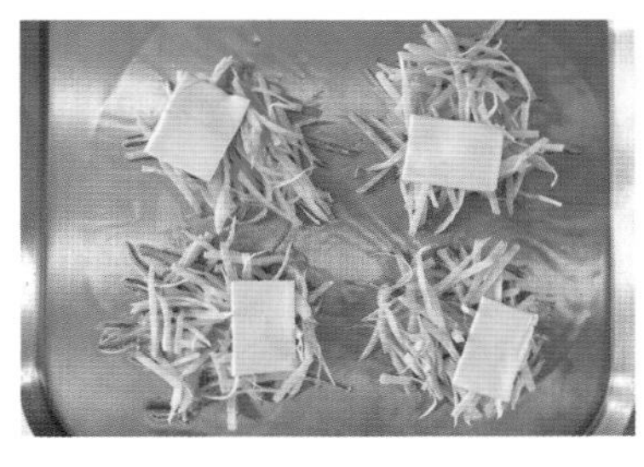

5 약불로 달군 팬에 오일을 넉넉하게 두르고 3 감자와 고구마를 올리고 한쪽에 치즈를 얹어주세요.

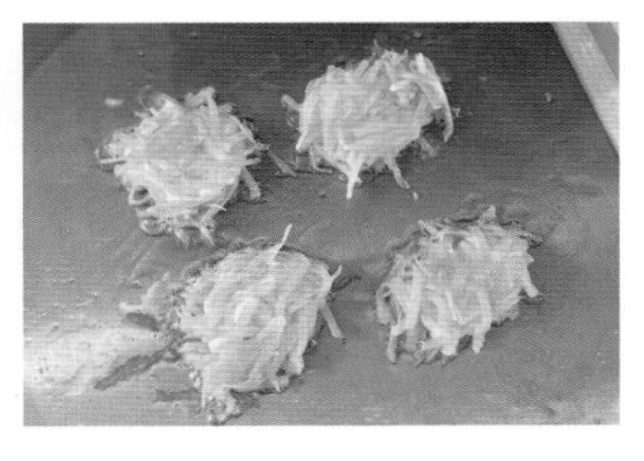

6 밑면이 노릇하게 구워지면 반으로 접어주고 앞뒤 노릇하게 구워주세요.

고추잡채

고추잡채는 원래 아삭한 피망과 돼지고기를 볶아서 만든 중국식 요리예요.
어린아이들도 먹을 수 있게 달달한 파프리카와 돼지고기를 맛있게 볶아봤는데
의외로 잘 먹어서 종종 만들어줬답니다. 반찬으로 내어주어도 좋고 작게 잘라 밥에 비벼줘도 잘 먹어요.

재료

아이와 엄마가
1회씩 먹을 수 있는 양

돼지고기 90g
양파 30g
파프리카 25g
다진 마늘 1작은술

[양념]
물 3큰술
아기간장 1큰술
아가베시럽 1/2큰술
굴소스 1/4작은술

[고기 밑간]
맛술 1/2작은술
소금 1꼬집

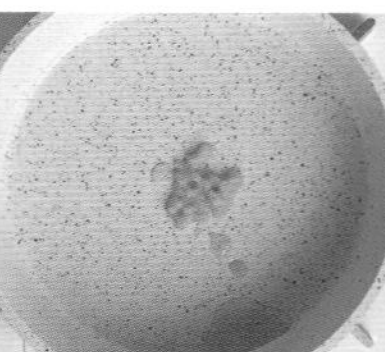

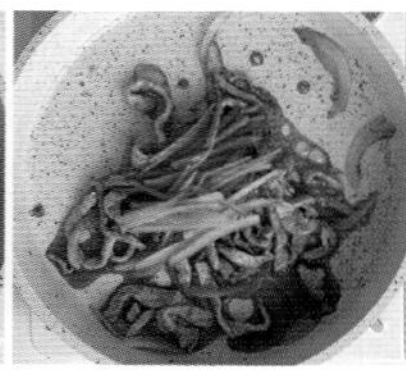

레시피

1 돼지고기에 밑간 양념을 더해 버무리고 20분 정도 재워두세요. 양파, 파프리카는 얇게 채 썰어주세요.
2 약불로 달군 팬에 오일을 두르고 다진 마늘을 넣어 볶아주세요.
3 마늘 향이 올라오면 중불로 올리고 1 돼지고기와 양파를 넣고 볶아주세요.
4 고기가 익으면 파프리카, 양념장을 넣고 졸이며 볶아주세요.

Tip!

* 어른식에는 간장을 더해 간에 맞게 드세요.

두부달걀전

두부를 넣어 부드럽고 고소한 달걀전이에요.
중간 중간 씹히는 팽이버섯의 식감이 너무 좋답니다.

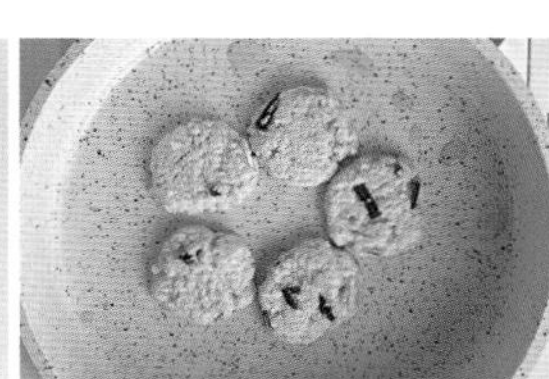

아이와 엄마가
1회씩 먹을 수 있는 양

두부	150g
달걀	1개
팽이버섯	15g
쪽파(또는 부추)	5g
소금	1꼬집

1. 두부는 면보에 넣고 물기를 꾹 짜준 다음 포크로 으깨어주세요.
2. 쪽파, 팽이버섯은 작게 썰어주세요.
3. 1 으깬 두부에 쪽파, 팽이버섯, 달걀 1개를 풀고 소금을 넣어 잘 섞어주세요.
4. 약불로 달군 팬에 오일을 두르고 3 반죽을 숟가락으로 조금씩 떠서 올린 다음 앞뒤 노릇하게 구워주세요.

* 어른식에는 반죽에 액젓을 조금 추가해줘도 좋아요.

돼지고기카레랑땡

카레를 싫어하는 아이들이 있을까요.
자극적이진 않지만 카레 향이 은은하게 나서
돼지고기 잡내 없이 맛있게 먹을 수 있는 동그랑땡 레시피랍니다.

아이와 엄마가
1~2회씩 먹을 수 있는 양

돼지고기 다짐육	100g
두부	50g
양파	20g
당근	10g
대파	5g
카레가루	1/2작은술
밀가루	2큰술
달걀	1개

1 양파, 당근, 대파는 작게 다지고 두부는 물기를 꾹 짠 다음 밀가루, 달걀을 제외한 모든 재료를 섞어 반죽을 만들어주세요.

2 1 반죽을 조금씩 떼어내 동글납작한 모양으로 만들어준 다음 밀폐 용기에 담고 냉장고에서 30분 정도 숙성시켜 주세요.

3 2 동그랑땡을 밀가루, 달걀물 순으로 묻혀주세요.

4 약불로 달군 팬에 오일을 넉넉히 두르고 3 동그랑땡을 올려 앞뒤 노릇하게 구워주세요.

Tip!

* 밀가루는 쌀가루나 전분가루로 대체 가능해요.

두부야채볼

고구마에 오트밀, 두부까지 들어간 영양만점 레시피예요.
한 입 크기로 아이 혼자 집어서 쏙 먹기 좋고 색감이 예뻐서 아이들이 특히나 좋아해요.

재료

아이가 2~3회 먹을 수 있는 양

두부	210g
고구마	120g
오트밀가루	3큰술
비트	10g
당근	15g
완두콩	20g
검은깨	2큰술

1 두부를 전자레인지에서 1분 정도 돌린 다음 면보로 물기를 꾹 짜주세요. 고구마는 찜기에 푹 찌고 으깨어주세요.

2 완두콩은 물에 담가 20분 정도 불린 다음 겉껍질을 제거하고 작게 다져주세요. 비트, 당근은 강판에 갈아주고 검은깨는 절구에 넣어 갈아주세요.

3 1 두부와 고구마, 오트밀가루를 넣어 잘 섞어 반죽을 만들어주세요.

4 3 반죽은 네 덩이로 나눠 2 준비해둔 비트, 당근, 완두콩, 검은깨에 나눠 넣고 반죽에 색을 입혀주세요.

5 먹기 좋은 크기로 동그란 모양을 만들고 170℃ 오븐에서 10분 동안 구워주세요.

Tip!

* 두부볼에 색감을 내줄 채소는 다른 채소로도 대체 가능해요.

메추리까스

서윤이가 메추리알을 유독 좋아해요! 메추리알장조림 하나만 있어도 밥 한 공기 뚝딱 할 정도예요.
그러다 메추리알로 새로운 요리를 해주고 싶더라고요!
너무 쉽고 간단한데다가 아이도 정말 좋아하고 잘 먹는답니다.

아이와 엄마가
1회씩 먹을 수 있는 양

메추리알	10~12개
밀가루	2큰술
달걀	1개
빵가루	1/2컵
파슬리가루	2큰술

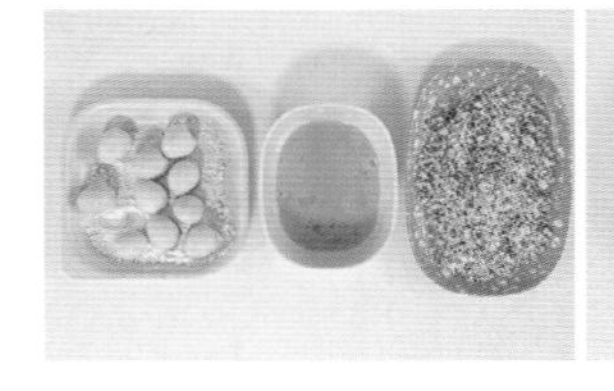

1 빵가루와 파슬리가루를 섞어주세요. 삶은 메추리알을 밀가루, 달걀물, 빵가루 순으로 골고루 묻혀주세요.
2 1 메추리알을 180℃ 에어프라이어에서 5~7분 정도 구워주세요.

* 삶지 않은 메추리알은 물이 끓으면 넣고 5~7분간 삶아주세요. 끓는 물에 메추리알을 넣자마자 2분 정도 같은 방향으로 굴려주면 노른자가 중앙으로 위치하게 돼요.

새우배추전

유아식을 하면서 냉동실 한 칸에 새우는 떨어질 날 없이 채워두었어요!
여러 가지 해물이 들어간 부침개도 맛있지만 집에 있는 재료를 간단하게 섞어서
전으로 부쳐도 너무 맛있답니다. 달짝지근한 배추와 새우는 맛 궁합 또한 으뜸이에요.

아이와 엄마가
1회씩 먹을 수 있는 양

알배추	70g
새우	2~3마리(60g)
파프리카	15g
달걀물	2큰술
부침가루	2큰술

1 파프리카는 채 썰어주고 알배추는 먹기 좋은 크기로 썰어주고 새우는 손질 후 작게 썰어주세요.
2 모든 재료를 한곳에 넣고 섞어서 반죽을 만들어주세요.
3 중약불로 달군 팬에 오일을 넉넉히 두르고 3 반죽을 적당히 덜어 올려주세요.
4 앞뒤 노릇하게 천천히 구워서 익혀주세요.

Tip!

* 부침가루는 밀가루나 전분가루로 대체 가능하며 가염 시 소금을 추가해주세요.

브로콜리새우땅콩샐러드

땅콩버터는 과다섭취가 아니라면 자주 먹을수록 득이 많은 식품이에요.
비타민 E, 비타민 B 등과 같은 항산화 성분을 함유하고 있어서
염증 감소 작용을 하고 면역 체계를 향상시켜줄 수 있어요.

재료

아이와 엄마가
1회씩 먹을 수 있는 양

브로콜리	60g
새우	60g
파프리카	25g
양배추	25g
양송이버섯	15g
소금, 후추	각 1꼬집

[양념]

땅콩버터	1큰술
올리브오일	1큰술
레몬즙	1작은술
꿀	1/2큰술
파슬리	약간

Tip!

* 땅콩버터는 설탕이나 다른 첨가물이 없는 100% 땅콩으로 만든 제품을 선택하는 것이 좋아요.

레시피

1 양배추, 파프리카, 양송이버섯은 먹기 좋은 크기로 썰고, 브로콜리는 찜기에 넣고 5분 정도 찐 다음 찬물에 담가 식혀주고 물기를 제거해주세요.

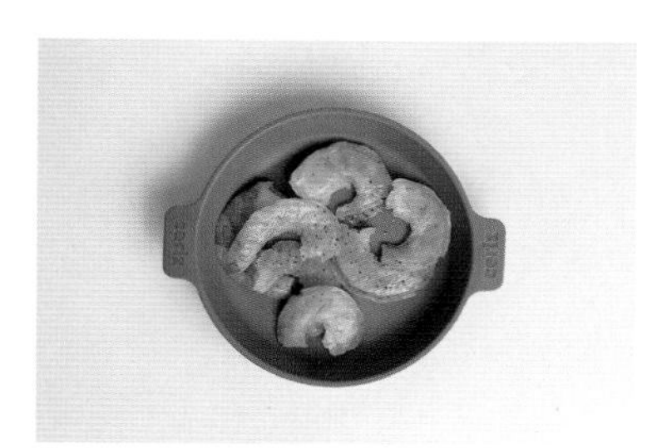

2 새우는 손질 후 소금, 후추를 넣어 밑간을 하고 10분 정도 두세요.

3 중불로 달군 팬에 오일을 두르고 양배추, 파프리카, 양송이버섯을 넣고 볶아준 다음 익으면 잠시 덜어서 식혀주세요.

4 팬을 닦아내고 오일을 조금 두른 뒤 2 새우를 올려 앞뒤 노릇하게 구워주세요.

5 양념 재료를 모두 섞어주세요.

6 구운 채소, 브로콜리, 새우에 5 양념을 넣고 골고루 버무려주세요.

소고기장조림

밥반찬으로 으뜸인 소고기 장조림은 짜고 자극적이지 않게 만든 레시피예요.
한 번 만들어 두면 며칠 동안은 반찬 걱정을 덜 수 있어요.
서윤이는 소고기 장조림에 무염버터 한 조각 넣고 슥슥 비벼주면 줄때마다 '완밥'했답니다.

재료

아이와 엄마가
여러 번 먹을 수 있는 양

소고기 (장조림용)	200g
소고기육수	600ml
대파	30g
통마늘	6~7쪽

[양념]

아기간장	2큰술
아가베시럽	2큰술
매실청	1큰술
다진 마늘	1/2큰술
맛술	1큰술
후추	1꼬집

레시피

1 소고기는 2시간 정도 찬물에 담가 핏물을 제거해주세요. 중간에 물을 한두 번 갈아주면 좋아요.

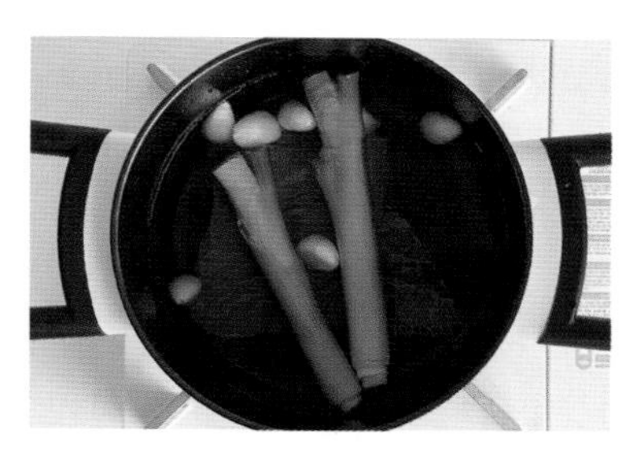

2 물 1L를 냄비에 담고 1 소고기, 대파, 통마늘을 넣어 강불에서 5분간 끓이다가 끓어오르면 중불로 줄여 30분 더 끓여주세요.

3 2 고기는 건져 찬물에 담갔다가 물기를 제거해준 다음 가늘게 찢어주고, 우러난 육수는 체에 걸러주세요.

4 2 육수 600ml와 고기를 함께 냄비에 넣은 뒤 양념 재료도 모두 넣고 강불에서 끓이다가 중불로 줄여 고기에 양념이 골고루 밸 때까지 끓여주세요.

* 물 1L에 소고기를 넣고 30분 정도 끓이면 육수가 500~600ml 정도 나와요! 600ml는 정수 물을 섞어 양을 맞춰주면 됩니다.

야채치즈볼

채소를 먹지 않고 편식하는 아이들에게 아주 좋은 추천 메뉴예요.
여러 가지 채소를 한 가지 메뉴로 골고루 먹일 수 있다는 장점이 있고
한 입 크기로 만든 요리들을 아이들이 특히나 더 호기심을 가지고 좋아하더라고요.
채소를 너무 안 먹는다 하면 꼭 도전해보세요.

재료

아이와 엄마가
1회씩 먹을 수 있는 양

감자	80g
애호박	60g
당근	20g
달걀물	1큰술
전분가루	2큰술
아가베시럽	1작은술
빵가루①	1큰술
빵가루②	5큰술(묻혀줄 용도)
소금	1꼬집
아기치즈	1장

레시피

1 감자, 애호박, 당근은 얇게 채 썰고 소금 1꼬집을 넣어 뒤적여준 다음 전자레인지에서 1분간 돌려주세요.

2 1 채소들은 한 김 식힌 뒤 아기치즈와 빵가루②를 제외한 나머지 재료를 모두 넣어 반죽을 만들어주세요.

3 반죽을 조금씩 떼어 가운데에 치즈를 한두 조각 넣고 동그랗게 뭉쳐준 다음 빵가루② 위에서 골고루 묻을 수 있게 굴려주세요.

4 중불로 달군 팬에 오일을 넉넉하게 두르고 굴려가며 노릇하게 구워주세요.

Tip!

* 180℃ 에어프라이어에서 13분 동안 구워줘도 좋아요.
* 채소에서 나오는 수분에 따라 전분가루 양을 조절해주세요. 잘 뭉쳐질 정도의 반죽이면 됩니다.

양배추치즈전

아이들이 비교적 섭취하기 어려운 양배추는 가늘게 채 썰어 전을 부치고 치즈를 올리면
아이들 입맛에도 알맞은 양배추전이 된답니다.

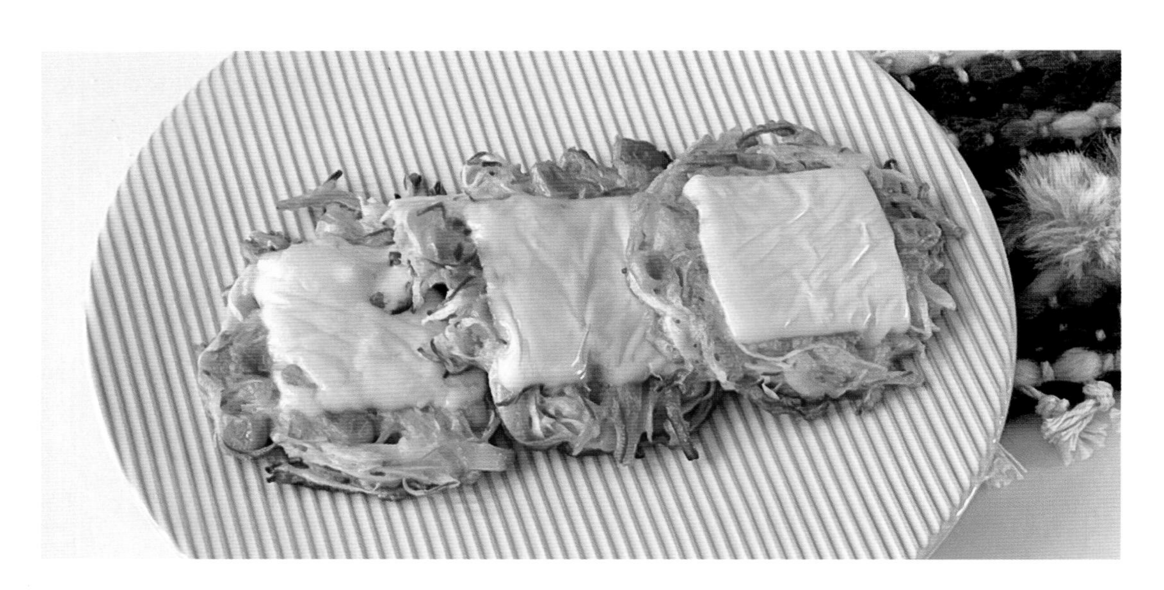

재료

아이와 엄마가
1회씩 먹을 수 있는 양

양배추	50g
당근	20g
옥수수콘	2큰술
달걀	1개
부침가루	2큰술
물	1큰술
아기치즈	1장

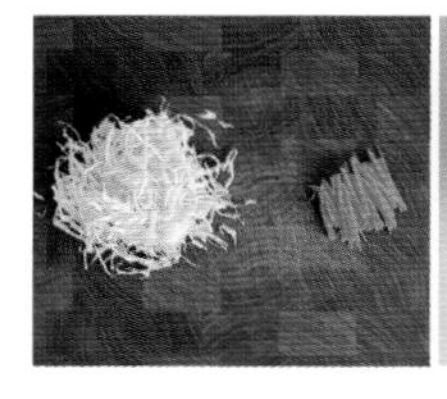

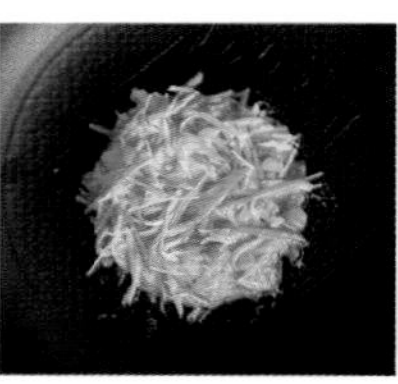

1 양배추는 채칼로 얇게 썰고 2~3등분해주세요. 당근도 얇게 썰어주세요.
2 아기치즈를 제외한 모든 재료를 한곳에 넣고 잘 섞어 반죽을 만들어주세요.
3 중약불로 달군 팬에 오일을 넉넉히 두르고 반죽을 적당히 올려주세요.
4 앞뒤 노릇하게 구운 후 불을 끄고 아기치즈 1장을 올려 뚜껑을 덮은 뒤 1분 정도 기다려주세요.

* 부침가루는 쌀가루, 밀가루, 전분가루 등으로 대체 가능해요. 대체 시 간은 소금으로 해주세요.

어묵숙주나물

아이들이 좋아하는 메뉴에 어묵을 추가해 볶지 않고 데친 뒤 양념을 더해 무쳐낸 레시피예요.
만들어서 냉장고에 잠시 넣어뒀다 시원하게 먹으면 훨씬 맛이 좋아요.

재료

아이와 엄마가
여러 번 먹을 수 있는 양

어묵	50g
숙주	60g
당근	25g
아기국간장	1작은술
참기름	1작은술
부순 참깨	1/2큰술

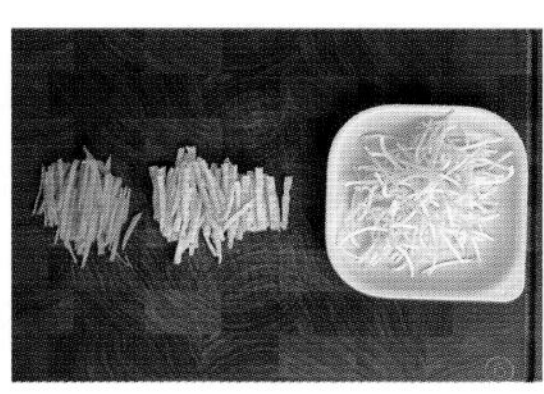

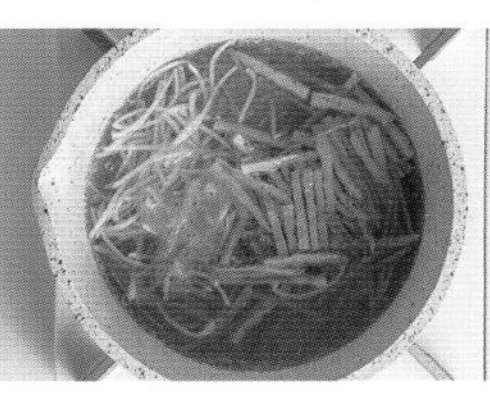

1 숙주는 다듬고 당근과 어묵은 얇게 채 썰어주세요.
2 냄비에 물이 끓으면 숙주, 어묵, 당근을 넣고 1분 정도 데쳐주세요.
3 2 물기를 꾹 짜서 제거하고 국간장, 참기름, 부순 참깨를 넣고 조물조물 무쳐주세요.

Tip!

* 어른식에는 액젓을 조금 추가해줘도 좋아요.

양송이버섯고기볶음

편 마늘을 넣어도 오래 익히면 고소하고 단맛만 남기 때문에 아이가 먹기에도 맵지 않아요.
양송이버섯은 특히나 버터에 볶아내면 풍미가 너무 좋고 맛도 좋아요.

아이와 엄마가
1회씩 먹을 수 있는 양

양송이버섯	50g
마늘	2쪽
소고기 다짐육	30g
아기간장	1/2작은술
무염버터	5g

1 소고기 다짐육을 키친타월로 꾹꾹 눌러 핏물을 제거해주고 양송이버섯은 4등분해서 썰어주고 마늘은 가로로 얇게 썰어주세요.

2 약불로 달군 팬에 올리브오일을 두르고 마늘을 먼저 넣어 향이 올라올 때까지 볶아주세요.

3 강불로 올려 소고기의 수분을 날리며 빠르게 볶아주세요.

4 고기가 적당히 익으면 양송이버섯, 아기간장을 넣어 볶아주고, 버섯이 촉촉하게 익으면 불을 끄고 버터를 넣어 잘 버무려주세요.

* 고기와 버섯을 볶을 땐 강불에서 볶고 버섯은 너무 오래 익히지 않아요. 적당히 촉촉해지면 불을 꺼주세요.
* 소고기를 생략하고 마늘과 양송이버섯만 볶아도 맛있어요.
* 고체 치즈를 갈아주면 더욱 맛있어요. 치즈는 간이 있는 편이라 생략도 가능해요.

옥수수완두콩전

초당옥수수로 만들면 더욱 맛있는 옥수수 완두콩전이에요.
만들어놓으면 색감도 어찌 그리 예쁜지 더욱 맛있어요!

재료

아이와 엄마가
1회씩 먹을 수 있는 양

옥수수	70g
완두콩	30g
부침가루	2큰술
물	2큰술

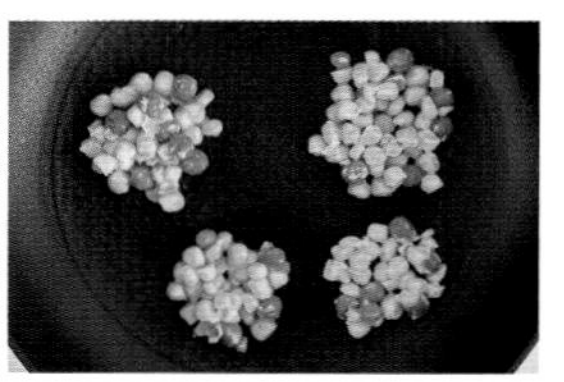

레시피

1 모든 재료를 섞어 반죽을 만들어주세요.
2 약불에 달군 팬에 오일을 넉넉히 두르고 반죽을 조금씩 올려 앞뒤 노릇하게 구워주세요.

Tip!

* 달군 팬에 반죽을 올리고 바닥면이 충분히 익어야 뒤집을 때 흐트러지지 않아요.
* 완성된 전 위에 고체 치즈를 그레이터로 갈아서 뿌리면 더욱 맛있어요.

청포묵무침

청포묵은 녹두로 만든 묵이에요. 탱글탱글한 식감에 간장으로 양념해 김가루를 넣어 만들어주면 서윤이는 '젤리젤리'라며 너무 좋아한답니다. 녹두는 단백질과 필수 아미노산이 풍부해 어린이 성장 발육에도 좋아요.

재료

아이와 엄마가 여러 번 먹을 수 있는 양

청포묵	400g
아기간장	1큰술
참기름	1작은술
부순 참깨	1큰술
아가베시럽	1/2큰술
무조미 김가루	1큰술

레시피

1 청포묵을 먹기 좋은 크기로 깍둑썰기 한 다음, 끓는 물에 넣고 1분 정도 데치고 찬물에 담가 식힌 다음 체에 밭쳐 물기를 제거해주세요.

2 재료를 모두 한곳에 담고 잘 버무려주세요.

Tip!

* 청포묵을 데칠 땐 투명해질 정도로만 데친 후 불을 꺼주세요.

우엉조림

우엉은 다소 단단한 식감 때문에 작게 썰어 밥에 섞어 비벼주거나
주먹밥을 만들어주면 잘 먹더라고요.
짜지 않고 달달하게 맛을 낸 레시피라 아이들도 거부감 없이 먹을 수 있을 거예요.

재료

아이와 엄마가
1회씩 먹을 수 있는 양

손질 우엉	80g
설탕	1/2작은술
참기름	1작은술
통깨	1작은술

[양념]

물	120ml
아기간장	1큰술
맛술	1큰술
아가베시럽	1/2큰술

레시피

1 우엉은 작게 다져주세요. 양념 재료도 모두 섞어 준비해주세요.

2 중불로 달군 팬에 다진 우엉을 넣고 설탕을 넣어 볶아주세요.

3 우엉이 갈색으로 변하면 양념을 넣고 강불에서 5분 끓이다가 중불로 줄여 양념이 모두 졸아들 때까지 끓여주세요.

4 불을 끈 뒤 참기름과 통깨를 넣고 버무려주세요.

Tip!

* 우엉을 볶을 때 설탕을 먼저 넣고 볶아주면 양념이 더 잘 배요.
* 우엉조림을 응용한 우엉조림주먹밥 레시피는 364쪽을 참조하세요.

유자백김치

TV 프로그램을 보다가 식당에서 유자백김치가 찬으로 나가는 것을 보고
대뜸 친정엄마께 전화해서 여쭤보고 제 감을 약간 보태어 만든 레시피예요.
젓갈, 액젓이 전혀 들어가지 않아 아이가 먹기에 순하고 깔끔해요.
유자향이 은은하게 나고 아삭해서 서윤이가 너무 좋아하고 잘 먹는 반찬입니다.
특히나 유자에는 비타민 C가 레몬의 3배나 많이 들어 있어요!
비타민 C가 면역력에 좋고 다른 과일들과 비교했을 때 칼슘 함유량이 높은 편이라
성장기 아이들의 골격 형성에도 도움을 준답니다.

재료

아이와 엄마가
여러 번 먹을 수 있는 양

배추	1포기
무	180g
파프리카	50g
쪽파	40g
굵은소금	100g

[속 재료 양념]

소금	1/2큰술
유자청	2큰술
매실청	1큰술

[육수]

물	1L
사과	80g(과육만)
배	150g(과육만)
양파	130g
마늘	3쪽

[찹쌀풀]

물	120ml
찹쌀가루	1큰술

레시피

1 배추를 4등분으로 자른 뒤 배춧잎 사이사이 굵은소금을 치고, 배추가 잠길 만한 용기에 물을 가득 담아서 굵은소금을 넣어 풀어줍니다. 그다음 소금 친 배추를 푹 담가 한나절 동안 절여주세요. 절인 배추는 물에 두세 번 헹구고 물기를 꾹 짜주세요.

2 무, 파프리카는 채 썰어주고 쪽파는 파프리카와 비슷한 길이로 썰어주세요.

3 2 재료에 소금을 치고 20분 정도 숨이 죽을 때까지 절여주세요.

4 3 절인 속 재료에 유자청, 매실청을 넣고 잘 섞일 수 있게 버무려두세요.

5 사과와 배는 껍질과 씨를 제거해준 다음 육수 재료에서 물을 제외하고 모두 믹서에 넣어 곱게 갈아주세요.

6 찹쌀풀 재료를 냄비에 넣고 약불에 올려 주걱으로 잘 저어가며 뭉치지 않게 찹쌀풀을 만들고 한 김 식혀주세요.

7 1 절인 배추의 배춧잎 사이사이에 4 속 재료를 넣어주세요.

8 5 간 재료와 물 1L, 6 찹쌀풀을 넣고 잘 섞어주고 7 배추에 완성된 육수 재료를 붓고 빛이 들지 않는 서늘한 곳에서 1~2일 정도 숙성시킨 다음 냉장 보관해주세요.

Tip!

* 1 과정에서, 배추를 담글 물은 맛보았을 때 "아이, 짜!"라고 할 정도로 해주세요. 배추가 물에 뜨지 않고 푹 잠길 수 있게 무거운 것을 올려두면 좋아요. 배춧잎을 꺾어보았을 때 부러지지 않으면 잘 절여진 것이에요.
* 2 과정에서, 파프리카는 당근으로 대체 가능해요.
* 5 과정에서, 사과, 배, 양파, 마늘을 믹서에 넣고 물을 약간 넣어주면 더 잘 갈려요.
* 6 과정에서, 냄비를 약불에 올리면 금세 바닥부터 되직해져요. 자리를 뜨지 마시고 잘 저어주세요.

유자오이피클

유자백김치에 이어 피클도 유자청을 사용해 만들었어요.
은은한 유자향으로 자극적이지 않고 순하게 맛있는 피클 레시피예요.

재료

아이와 엄마가
여러 번 먹을 수 있는 양

오이	1개(200g)
양배추	20g
물	350ml
설탕	1큰술
사과식초	2큰술
유자청	1큰술

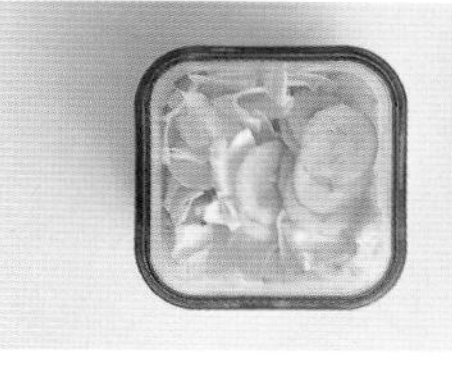

1 오이는 필러로 껍질을 가볍게 벗겨내고 얇게 썰어주세요. 양배추는 먹기 좋은 크기로 썰고 밀폐 용기에 담아주세요.

2 냄비에 물과 설탕, 사과식초를 넣어 5분 정도 끓여주세요.

3 1 오이와 양배추 위로 유자청을 올리고 2 끓인 육수를 식기 전에 바로 부어주세요.

Tip!

* 한 김 식히고 냉장고에 넣어 2시간 후 섭취하면 됩니다.
* 끓인 육수는 뜨거울 때 부어줘야 오이가 더 아삭아삭해요.

콘오믈렛머핀

아이가 안 먹는 야채를 다져 넣고 콘오믈렛머핀을 만들어보세요.
사이사이에 녹아내린 치즈가 고소하고 부드러워서
식감에 예민한 아이들도 제법 잘 먹을 수 있는 메뉴랍니다.

머핀 3개 분량

달걀	2개
캔 옥수수	40g
당근	10g
애호박	15g
아기치즈	1장
우유	2큰술
소금	1꼬집(생략 가능)

1 당근, 애호박은 잘게 다지고 캔 옥수수는 체에 밭쳐 물기를 제거해주세요.

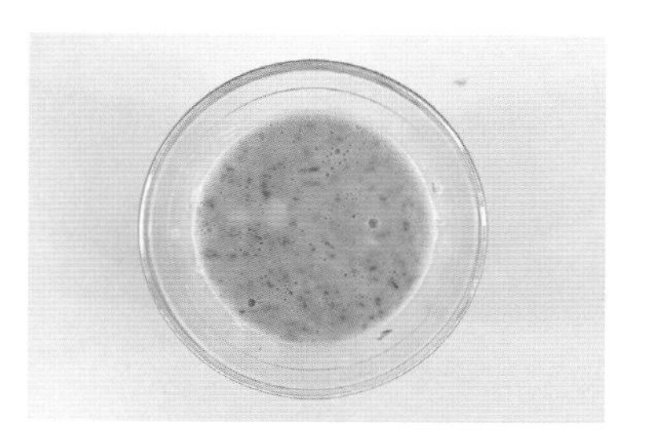

2 큰 볼에 달걀을 풀어주고 모든 재료를 함께 넣어 잘 섞어주세요.

3 머핀 틀에 2/3 정도 높이로 나누어 부어주세요.

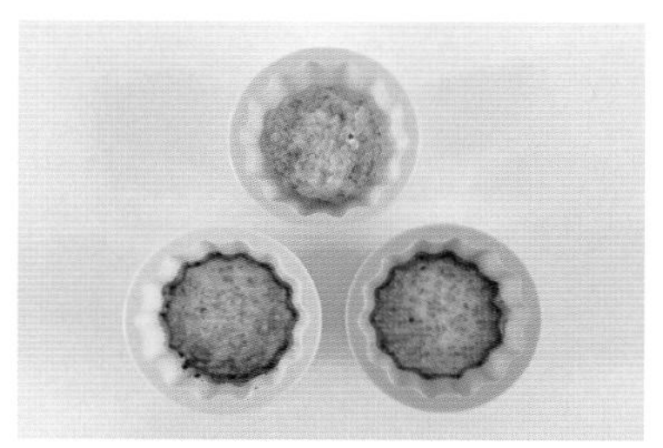

4 오븐에 구울 시 170℃로 예열된 오븐에서 18분, 전자레인지 조리 시 2분 30초 동안 익혀주세요.

Tip!

* 머핀은 전자레인지에서 익히면 폭신폭신한 식감이고, 오븐에서 익히면 좀 더 부드러운 식감이에요. 가능하다면 오븐에서 조리하는 걸 추천해요.
* 아기치즈나 슬라이스치즈는 비닐에 쌓인 상태로 칼로 잘게 잘라주면 한 조각씩 떼어 넣기 편해요.

크림치즈새우만두

만두에 크림치즈를 넣는다? 너무 맛있어서 기절해요.
아이들은 물론 엄마 아빠 입맛에도 취향저격인 메뉴라고 장담할 수 있습니다.
입맛이 까다로운 서윤아빠도 너무 맛있다고 칭찬한 메뉴이니 믿고 만들어보세요.

만두 8~10개 분량

새우	80g
양파	50g
크림치즈	30g
다진 마늘	1작은술
만두피	8~10장

1 새우는 칼로 작게 썰고 양파는 잘게 다져주세요.

2 만두피를 제외한 모든 재료를 섞어 만두소를 만들어주세요.

3 만두피에 2 만두소를 넣고 예쁘게 빚어주세요.

4 찜기에 넣고 15분 정도 쪄주세요.

5 중불로 달군 팬에 오일을 두르고 4 만두를 올려 노릇하게 구워주세요.

Tip!

* 바로 먹을 만두는 찜기에 쪄서 팬에 굽고 그 외에는 한 김 식힌 뒤 소분해서 냉동 보관해주세요.

토마토치즈프라이

집에서 만든 토마토소스가 있다면 꼭 한 번 만들어보셔야 될 레시피예요.
정말 맛있어서 아이들에겐 간식으로, 어른에겐 맥주 안주로도 너무 좋아요!

재료

아이와 엄마가
1회씩 먹을 수 있는 양

감자	90g
소고기 다짐육	50g
무염버터	5g
토마토소스	4큰술
채수	2큰술
아기치즈	1장
올리고당	1작은술
모차렐라치즈	15g

Tip!

* 토마토소스의 레시피는 50쪽을 참조하세요.
* 모차렐라치즈는 아기치즈로 대체 가능해요.

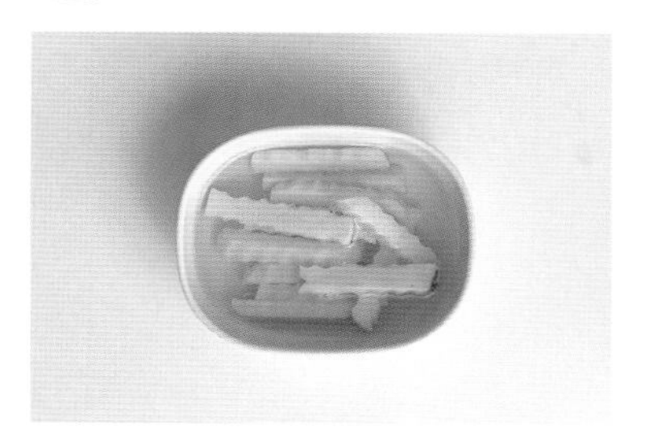

1 감자는 필러로 껍질을 제거하고 먹기 좋은 크기로 썰어 찬물에 20분 정도 담가 전분기를 제거해주세요.

2 팬에 무염버터, 소고기를 넣고 약불에 올려 볶아주세요.

3 소고기가 익으면 토마토소스, 채수, 올리고당을 넣고 끓이다가 아기치즈를 넣고 잘 저어주세요.

4 1 감자는 물기를 제거하고 오일을 살짝 뿌려 180℃ 에어프라이어에서 20분 동안 구워주세요.

5 그릇에 4 구운 감자를 올리고 3 토마토치즈소스를 올린 다음 모차렐라치즈를 올리고 전자레인지에 20초 동안 돌려주세요.

푸룬멸치볶음

바삭한 과자처럼 맛있어서 서윤이는 멸치볶음을 '멸치까까'라고 할 만큼 좋아하고 잘 먹는답니다.
서윤맘도 계속 손이 가는 중독성이 강한 멸치반찬 레시피예요.
아이들이 씹기 어려운 견과류 대신 푸룬을 잘라 넣어 달콤하고 맛있으니 꼭 한번 만들어보세요.

재료

아이와 엄마가
여러 번 먹을 수 있는 양

아기멸치	50g
마늘	3쪽
푸룬	3조각
아기간장	1/2큰술
아가베시럽	1/2큰술
올리고당	1작은술
매실청	1작은술
마요네즈	1작은술
부순 참깨	1큰술

레시피

1 마늘은 가로로 썰고 푸룬은 가위로 얇게 잘라주세요.

2 약불로 달군 마른 팬에 멸치를 넣고 살짝 볶은 다음 잠시 덜어 놓아주세요.

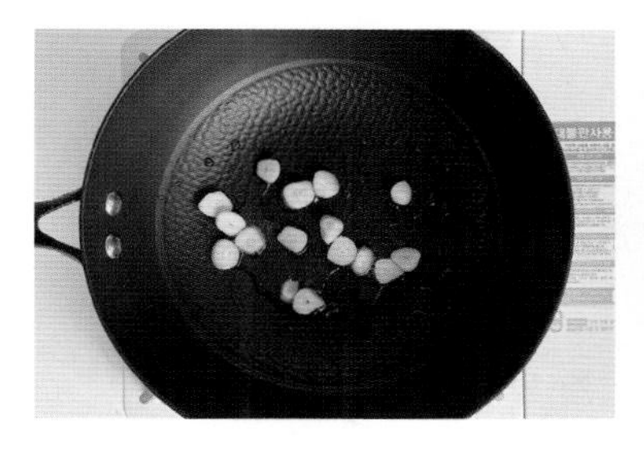

3 팬을 한 번 닦아내고 오일을 넉넉히 두르고 마늘을 넣어 볶다가 멸치를 넣고 조금 더 볶은 다음 간장, 아가베시럽, 올리고당, 매실청을 넣어 골고루 버무려주세요.

4 마요네즈를 넣어 섞어주고 부순 참깨를 뿌려주세요.

Tip!

* 마요네즈를 넣으면 냉장고에 들어가도 멸치가 쉽게 딱딱해지지 않아요. 그렇지만 취향에 따라 생략해도 좋아요.

감자치즈스틱

감자 사이에 검은깨가 쏙쏙 박혀 보기에도 좋고
살짝살짝 씹히는 검은깨의 식감과 고소함이 너무 맛있고 좋아요.
감자가 제철인 7~8월에 만들면 훨씬 맛있어요!

아이가 여러 번 먹을 수 있는 양

감자	160g
쌀가루	1큰술
아기치즈	1장
소금	1~2꼬집
달걀물	1큰술
검은깨	1큰술

1 감자는 껍질을 제거하고 찜기에 푹 찐 다음 매셔masher로 으깨어주세요. 쌀가루, 소금, 검은깨를 넣고 골고루 섞어 반죽을 만들어주세요.

2 치즈를 9등분으로 잘라주세요.

3 1 반죽을 아홉 덩어리로 나눠 반죽 가운데 치즈를 넣고 치즈가 삐져나오지 않게 잘 닫아준 다음 모양을 다듬어주세요.

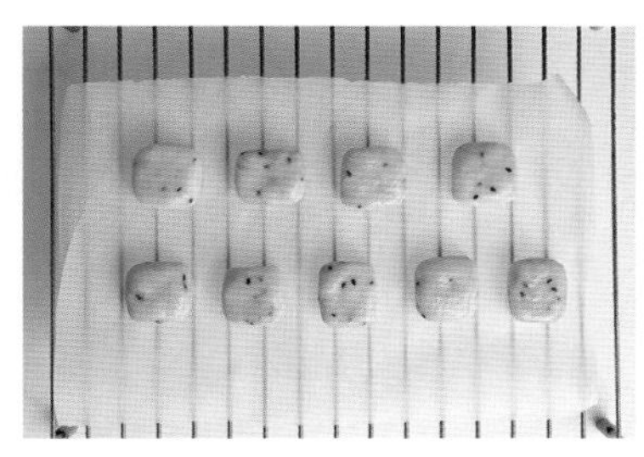

4 3 윗부분에 붓으로 달걀물을 발라주고 180℃ 오븐 에서 15분 동안 구워주세요.

Tip!

* 감자의 수분에 따라 쌀가루를 조절해서 넣어주세요.
* 볼이나 스틱 등 다른 모양으로 만들어도 좋아요!

단호박버터링

간식으로도 반찬으로도, 어떻게 내어줘도 훌륭한 버터링이에요.
서윤이는 11개월부터 29개월인 지금까지 만들어줄 때마다 좋아하고 잘 먹는 레시피랍니다!

아이가 여러 번 먹을 수 있는 양

단호박	65g
아기치즈	1/2장
오트밀가루	2작은술
쌀가루	1작은술
아몬드밀크	5큰술

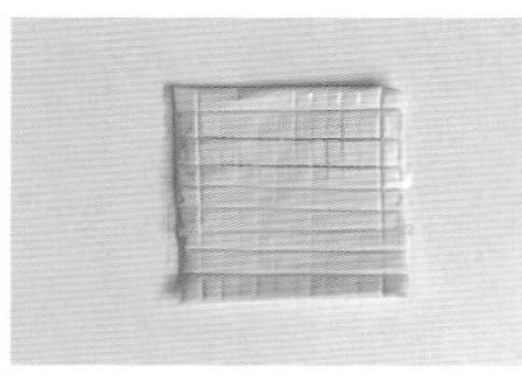

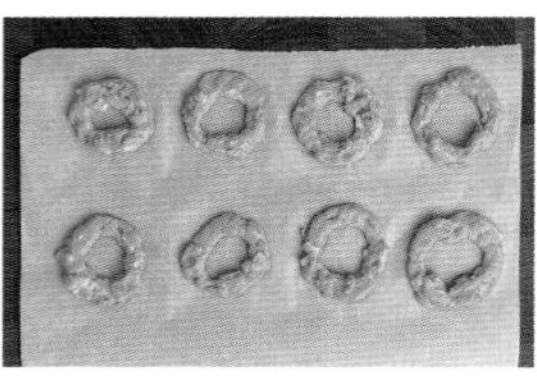

1 아기치즈는 비닐을 벗기지 않은 채로 칼집을 내 작게 잘라주세요.

2 단호박은 껍질과 씨를 제거하고 찜기에 푹 찐 다음 으깨어주세요. 아기치즈를 제외한 모든 재료를 섞어 반죽을 만든 뒤 마지막에 아기치즈를 떼어내 섞어주세요.

3 2 반죽을 비닐 팩에 넣고 모서리 부분을 가위로 잘라준 다음 종이 포일 위에 링 모양으로 짜주고 170℃ 오븐에서 10분 동안 구워주세요.

* 짤주머니 구멍은 반죽 속에 있는 치즈가 잘 나올 정도의 크기로 잘라주세요.
* 아몬드밀크는 우유나 분유물로 대체 가능해요.

메추리알장조림

간단한 재료와 레시피로 짜지 않고 맛있는 메추리알 장조림을 만들 수 있어요.
한 번 만들어 놓으면 일주일 내내 우리 아이 밥도둑 반찬이 될 거예요.

아이와 엄마가
여러 번 먹을 수 있는 양

깐 메추리알	270g
마늘	10쪽
표고버섯	1개

[양념]

해물육수	550ml
아기간장	2큰술
올리고당	1큰술
맛술	1/2큰술

1. 마늘 5쪽은 슬라이스 하고 5쪽은 통으로 준비해주세요. 표고버섯은 슬라이스 해주고 깐 메추리알은 흐르는 물에 헹궈 물기를 빼주세요.
2. 냄비에 양념과 함께 모든 재료를 넣고 강불에서 끓여주세요.
3. 끓어오르면 중불로 줄이고 양념이 자작하게 남을 때까지 졸이며 끓여주세요.

* 메추리알 삶는 법: 메추리알이 잠길 듯 말 듯 한 정도로 물을 부어주고 소금 1꼬집을 넣어 강불에서 5분 동안 끓여주세요. 찬물에 1분간 담가뒀다가 꺼내 껍질을 벗겨주세요.

6장

고기 & 생선 요리

Meat & Fish dishes

성장기 아이들에게 고기와 생선은 꼭 섭취해야 하는 식재료 중 하나죠.
고기나 생선을 먹지 않는 아이들까지도 좋아할 만한 레시피들로 가득 담아보았습니다.
특히 고기를 먹지 않는 아이들을 위해 후기가 정말 많았던
'허니데리야키등갈비'는 꼭 한번 만들어보세요!

바질닭다리구이

자극적이지 않은 담백하고 맛있는 닭다리구이 레시피예요.
기름은 쏙 빠지고 은은한 바질 향이 나서 정말 맛있어요.
서윤이는 돌 전쯤에 오븐에 구운 닭다리를 쥐여줬는데
야무지게 잡고 뜯어먹던 그 모습이 아직도 생생해요!

재료

아이와 엄마가
1회씩 먹을 수 있는 양

닭다리(북채) 5개
우유 250ml

[양념]
올리브오일 3큰술
건 바질 1/2큰술
다진 마늘 1큰술
소금, 후추 각 1꼬집

레시피

1 닭다리를 우유에 담가 20분 재워두었다가 흐르는 물에 깨끗이 헹궈주세요.

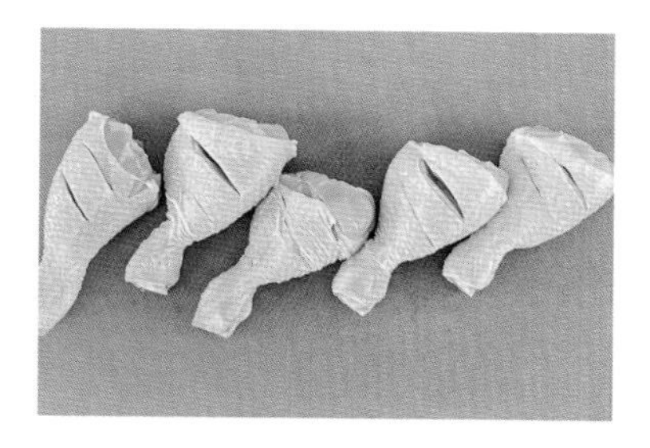

2 양념이 고루 밸 수 있도록 사선으로 칼집을 넣어주세요.

3 양념 재료를 모두 넣어 양념을 만들어주세요.

4 닭다리에 3 양념을 골고루 발라주고 30분 재워둔 뒤 185℃ 에어프라이어에서 15분 동안 구워주세요.

Tip!

* 생 바질을 다져서 넣어줘도 좋아요. 생 바질을 사용할 때는 1/2작은술만 넣어주세요.
* 닭다리는 안쪽에 길고 뾰족한 가시가 하나 있어요. 아이에게 쥐여줄 때는 가시는 꼭 제거하고 주세요.

고기감자우유조림

우유에 푹 빠뜨려 졸인 돼지고기가 얼마나 부드럽고 맛있는지 아시나요?
푹 익힌 감자도 너무 맛있고요! 서윤이는 물론 서윤맘도 정말 좋아하는 메뉴랍니다.
꼭 쌀밥과 함께 먹지 않아도 든든하고 맛있으니 한 그릇 요리로 도전해보세요.

아이와 엄마가
1회씩 먹을 수 있는 양

돼지고기	100g
감자	40g
당근	40g
양파	40g
우유	200ml
무염버터	10g
소금	1꼬집

Tip!

* 돼지고기는 목살, 안심 다 가능해요!
* 어른식에는 소금을 추가해 간을 맞춰주세요.

1 감자, 양파, 당근은 납작하게 먹기 좋은 크기로 썰어주세요.

2 중불로 달군 팬에 오일을 두르고 양파를 먼저 볶아주세요.

3 양파가 투명하게 익으면 감자와 당근을 넣어 볶다가 고기를 넣고 익혀주세요.

4 고기가 어느 정도 익으면 우유를 붓고 간은 소금으로 해준 다음 살짝만 졸여주세요.

5 불을 끄고 무염버터 한 조각을 넣어 잘 버무려주세요.

갈릭버터새우꼬치구이

같은 재료, 같은 레시피여도 꼬치에 꽂아서 구워주면 아이들은 호기심 폭발!
쏙쏙 빼먹는 재미로 더 잘 먹어줄 거예요.

재료

꼬치 4개 분량

새우	4마리
표고버섯	1개
떡볶이 떡	4조각
미니 파프리카	1개
소금, 후추	각 1꼬집

[양념]

무염버터	10g
올리브오일	1작은술
다진 마늘	1/2작은술
아가베시럽	1/2큰술

Tip!

* 에어프라이어 조리 시 180℃에서 5분 정도 돌려주세요.
* 떡은 아이가 소화할 수 있는 개월부터 사용하는 것이 좋고, 생략하거나 다른 식재료로 대체해도 좋아요.

레시피

1 버터는 전자레인지에서 30초 정도 돌려서 녹이고 양념 재료를 섞어 양념을 만들어주세요.

2 파프리카와 표고버섯은 적당한 크기로 썰어주세요.

3 꼬치에 새우, 떡, 야채를 차례로 꽂아주고 소금과 후추도 조금 뿌려주세요.

4 붓으로 1양념을 골고루 발라주세요.

5 약불로 달군 팬에 오일을 조금 두르고 앞뒤로 노릇하게 구워주세요.

데리야키닭꼬치구이

육류를 먹지 않으려고 하는 아이들이 은근히 많더라고요.
이렇게 달달한 소스에 졸여주면 고기를 안 먹는 아이들도 잘 먹을 수 있을 거예요.
닭고기 사이사이에 야채를 꽂아주는 방법으로 응용해도 좋아요.

재료

꼬치 5개 분량

닭다리살	120g
[양념]	
물	50ml
아기간장	1큰술
올리고당	1/2큰술
맛술	1작은술
설탕	1작은술
매실액	1/2작은술

Tip!

* 닭고기를 충분히 달궈진 팬에 구워야 냄새가 나지 않아요. 구우면서 닭고기에서 수분이 자작하게 나오면 불의 세기를 올려 수분을 날려가며 구워주세요.

레시피

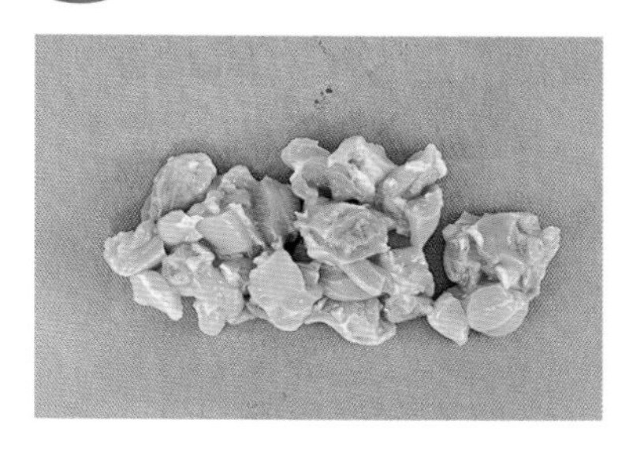

1 닭다리살은 우유에 20분 정도 재워두고 흐르는 물에 헹궈 껍질과 지방을 제거해주세요. 그다음에 먹기 좋은 크기로 썰어주세요.

2 닭고기를 꼬치에 꽂아주세요.

3 중강불로 달군 팬에 오일을 조금 두르고 2 닭고기를 올려 앞뒤로 노릇노릇하게 구워주세요.

4 구운 닭꼬치는 잠시 덜어놓고, 키친타월로 팬을 닦은 뒤 분량의 양념 재료를 모두 넣어 1분 정도 끓여주세요.

5 구워둔 닭꼬치를 넣고 중불에서 뒤집어가며 양념이 골고루 밸 때까지 끓여주세요.

허니버터닭봉구이

달달해서 아이들 손에 쥐여주면 너무 좋아할 만한 메뉴예요.
이가 없으면 잇몸으로 먹는다는 어른들 말씀 틀린 게 없어요.
서윤이는 치아가 앞니 두 개뿐일 때에도 닭봉이나 닭다리를 구워 손에 쥐여주면
쭙쭙 소리를 내며 잘 먹었답니다. 도전해보세요.

재료

아이와 엄마가
1회씩 먹을 수 있는 양

닭봉	8~10개
우유	1컵 300ml
무염버터	10g
꿀	2작은술
올리브오일	2큰술
다진 마늘	1작은술
소금	1꼬집

1 닭봉은 우유에 20분 정도 담가두었다가 흐르는 물에 씻고 물기를 제거해주세요.

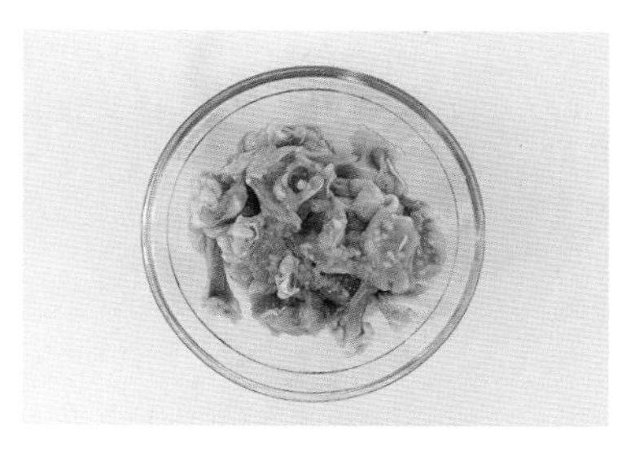

2 1 닭봉에 소금, 올리브오일, 다진 마늘을 넣어 골고루 섞어준 뒤 냉장고에서 1시간 정도 재워두세요.

3 2 닭봉 180℃로 예열된 오븐에 넣고 10분, 뒤집어서 5분 동안 구워주세요.

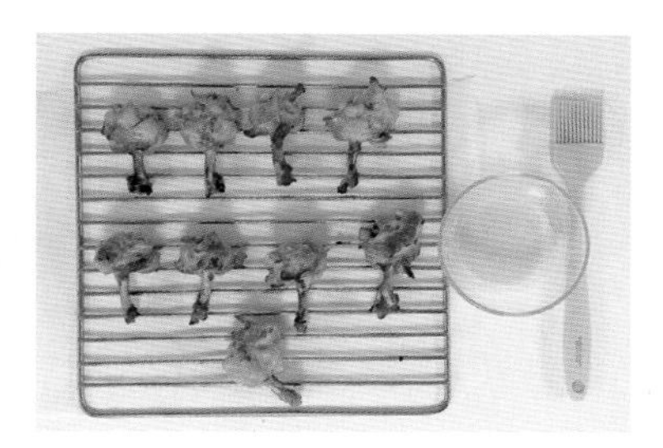

4 버터는 전자레인지에서 10초간 가열해 녹여주고 꿀과 함께 잘 섞은 다음 구운 닭봉에 골고루 발라주세요. 다시 오븐에 넣어 5분 더 구워주세요.

Tip!

* 닭봉은 조리하기 전에 끝부분에 세로로 칼집을 내어 살을 뒤집어 올려주면 아이가 손에 쥐고 먹기 편해요.
* 돌 이전 아가들은 꿀과 소금을 생략하고 만들어줘도 좋아요.

치킨가라아게

기름에 튀겨내는 요리가 건강하진 않지만 어쩌다 한번 특식으로 내어주면 맛있게 잘 먹을 거예요.
밖에서 사먹는 치킨보단 조금 더 건강하겠죠?
양껏 만들어 튀겨내면 아이 반찬으로도, 엄마 아빠 맥주 안주도로 으뜸입니다.

재료

아이는 1회 어른은 2회씩
먹을 수 있는 양

닭다리살	3~4장(320g)
우유	200ml
달걀	1개
전분가루	1/2컵

[고기 밑간]

아기간장	1큰술
맛술	1/2큰술
다진 마늘	1/2큰술
생강가루	2꼬집

레시피

1 닭다리살은 우유에 20분 정도 재워뒀다가 흐르는 물에 씻고 껍질을 떼어낸 뒤 먹기 좋은 크기로 썰어주세요.

2 고기 밑간 재료를 모두 넣고 조물조물 잘 섞어준 뒤 냉장고에서 30분 정도 재워두세요.

3 달걀 1개를 풀어서 잘 섞어주고 닭고기는 한 조각씩 겉면에 전분가루를 골고루 묻혀주세요.

4 170℃의 기름에서 노릇노릇 튀겨주세요. 익은 닭고기는 키친타월 위에서 기름을 빼주세요.

Tip!

* 닭고기는 튀겨내서 식힌 뒤 한 번 더 튀겨내면 더욱 바삭하고 맛있어요.
* 기름이 높은 온도로 달궈진 상태라면 고기를 넣자마자 타게 되므로 약불에서 서서히 온도를 높여주세요.

닭고기카레맛소보로

레시피대로 만들고 소분해서 냉동고에 넣어두면 비상식량으로 제격이에요.
에그스크램블만 만들어 밥과 함께 비벼주면 간단한 한 그릇 요리가 완성된답니다.
소고기소보로보다 훨씬 부드러워서 고기를 잘 먹지 않는 아이들도 잘 먹을 거예요.

재료

아이가 여러 번 먹을 수 있는 양

닭 안심	170g
카레가루	1작은술(생략 가능)

[양념]

아기간장	2큰술
물	3큰술
맛술	1큰술
아가베시럽	1큰술

레시피

1 양념 재료를 모두 섞어 양념장을 만들어주세요.

2 손질한 닭 안심은 작게 다져주세요.

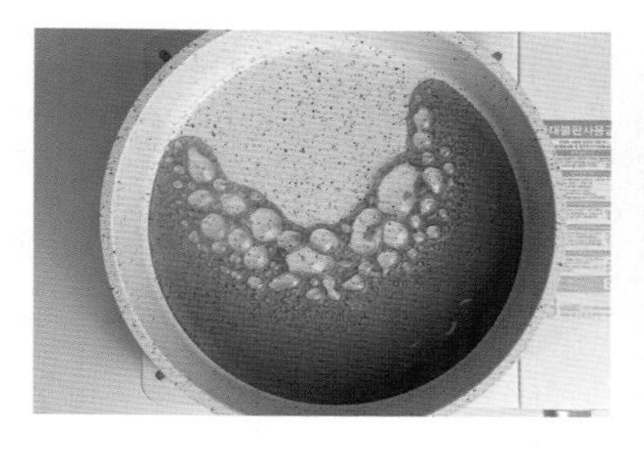

3 팬에 1 양념장을 모두 부어 30초 정도 끓여주세요.

4 다진 닭고기를 넣고 끓이다가 고기가 익고 고기 색이 바뀌면 카레가루를 넣고 잘 버무려주세요.

Tip!

* 카레가루는 어느 정도 수분이 자작하게 있는 상태에서 넣어주세요.
* 에그스크램블을 만들어 닭고기카레맛소보로와 함께 비벼 먹으면 더욱 맛있어요.

소갈비찜

소갈비찜을 하는 날이면 아이 어른 할 것 없이 밥 두 공기는 뚝딱이에요!
아이 간에 맞게 만들고 마지막 과정에서 어른 간에 맞게 양념을 추가하면 되니
따로 만들거나 두 번 하는 일 없이 모두가 맛있게 먹을 수 있어요.
소갈비 양념에 밤이 정말 잘 어울리니 밤은 꼭 넣으시길 추천합니다.

재료

아이와 엄마가
2~3회 먹을 수 있는 양

소갈비	120g
사과	100g
양파	70g
배	50g
밤	100g
당근	100gl
무	80g
대파	80g
표고버섯	65g
채수	500ml
월계수잎	4~5장
청주	120ml
참기름	1/2큰술

[양념]

아기간장	6큰술
맛술	2큰술
올리고당	2큰술
마스코바도 (혹은 설탕)	1큰술
다진 마늘	1큰술
다진 대파	1큰술
매실청	1/2큰술

Tip!

* 5 과정에서 부족한 간은 간장을 더해 맞춰주세요.
* 양파, 배, 사과는 곱게 간 다음 면보에 즙만 걸러내어 사용하면 더 깔끔해요.

레시피

1 소갈비는 찬물에 담가 2~3시간 정도 두고 핏물을 제거해준 다음, 끓는 물에 월계수잎, 청주를 넣고 5분 정도 끓인 후 흐르는 물에 불순물을 헹군 뒤 물기를 제거해주세요.

2 양파, 배, 사과를 곱게 갈고 양념 재료를 모두 넣어 섞어줍니다. 1 소갈비에 만든 양념을 모두 넣고 밀폐 용기에 담아 냉장고에서 반나절 숙성시켜주세요.

3 밤은 껍질을 제거하고 당근, 무, 대파, 표고버섯은 큼직하게 썰어주세요.

4 냄비에 육수를 부은 뒤 2 소갈비와 양념을 함께 넣고 강불에서 끓으면 중약불로 줄여 1시간 정도 끓여주세요.

5 3 야채를 모두 넣고 20~30분 더 끓이고 야채가 부드럽게 익으면 불을 끄고 참기름을 둘러 버무려주세요.

돼지갈비

돼지갈비를 사서 먹을 필요 없이 이 레시피 하나로 완전 정복!
서윤이가 정말 잘 먹는 돼지갈비 레시피예요. 이 레시피로 온 가족이 함께 고기파티를 해보세요.

아이와 엄마가
여러 번 먹을 수 있는 양

돼지목살	320g

[양념]

간 양파	2큰술
배즙	3큰술
물	3큰술
아기간장	3큰술
맛술	1큰술
아가베시럽	1큰술
다진 마늘	1/2큰술
참기름	1작은술
후추	1꼬집 (생략 가능)

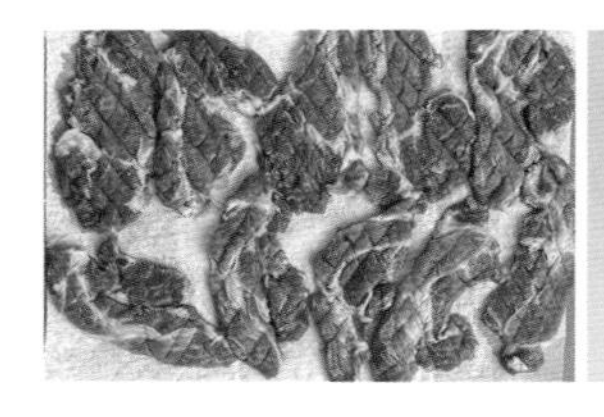

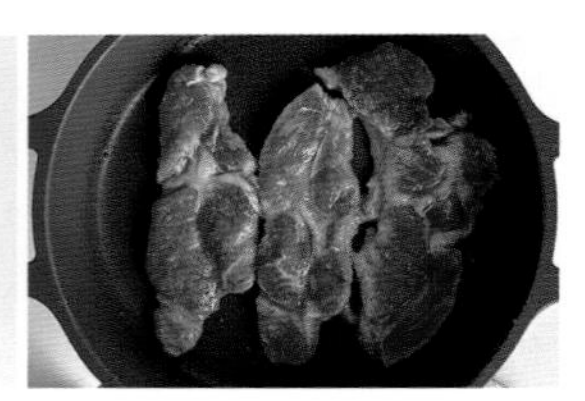

1 돼지목살은 키친타월에 올려 꾹 눌러 핏기를 제거해주고 칼집을 내주세요.
2 양념 재료를 모두 섞어 양념장을 만들고, 밀폐 용기에 1 돼지고기와 양념을 담고 버무린 다음 냉장고에서 반나절 숙성시켜주세요.
3 중불로 달군 팬에 고기를 올리고 양념장을 조금씩 부어가며 타지 않게 익혀주세요.

* 배와 양파는 3:2 비율로 갈아서 소분해 냉동해두면 고기를 재우거나 잡내를 없애야 하는 요리에 다양하게 활용이 가능해요.
* 어른식에는 간장과 설탕을 추가해 간을 맞춰주세요.

생선무간장조림

어렵게만 생각되는 생선조림도 간단한 레시피로 쉽고 빠르게 만들 수 있어요.
짜지 않고 맛있는 생선조림 레시피입니다.
양념에 졸인 무도 달큰하고 맛있는데 생선도 부드러워서 아이들이 잘 먹을 거예요.

아이와 엄마가
1회씩 먹을 수 있는 양

손질생선	80g
무	120g

[양념]

해물육수	1컵(300ml)
아기간장	1큰술
맛술	1/2큰술
아가베시럽	1/2큰술
다진 마늘	1작은술

1 무를 2cm 두께로 4등분해 썰어주세요.
2 양념 재료를 모두 섞어 양념을 만들고 냄비에 넣어 끓여주세요.
3 2 양념이 끓으면 무를 먼저 깔고 생선을 넣어 강불에서 끓어오르면 중약불로 줄여 무가 부드럽게 익을 때까지 끓여주세요.

* 어른식에는 진간장을 추가해주세요.
* 고등어, 가자미, 삼치를 추천해요.

고구마찜닭

달큰한 국물찜닭 레시피예요.
찜닭이라면 만들기 복잡하고 어려울 것 같지만
손질한 재료, 양념을 몽땅 넣고 끓이기만 해도 완성되는 초간단 레시피입니다.
닭고기 국물에 양념이 골고루 쏙 밴 고구마 한 입 먹어보면 너무 맛있어서 반할 거예요.

재료

아이와 엄마가
1회씩 먹을 수 있는 양

닭다리살	250g
고구마	중간 크기 1개(150g)
양파	90g
당근	30g
당면	50g
물	650ml

[양념]

아기간장	2큰술
올리고당	1/2큰술
참기름	1/2큰술
설탕	1작은술
다진 마늘	1작은술
맛술	1작은술

레시피

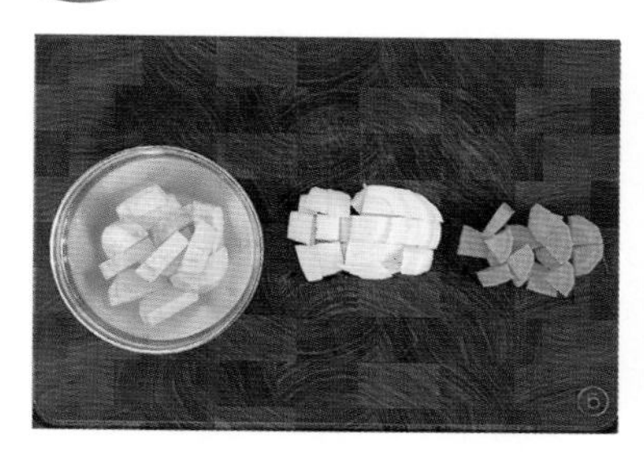

1 고구마는 필러로 껍질을 제거하고 2cm 두께로 썰어서 찬물에 담가 전분기를 제거해주세요. 당근과 양파는 먹기 좋은 크기로 썰어주세요.

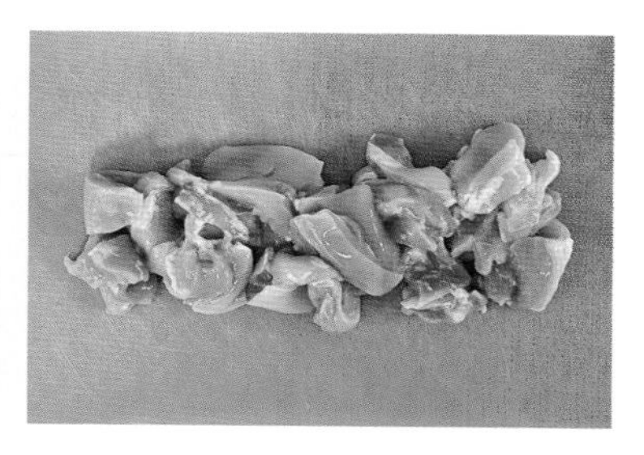

2 닭다리살은 우유에 20분 재운 다음 흐르는 물에 씻고 껍질을 제거해 먹기 좋은 크기로 썰어주세요.

3 큰 냄비에 물을 넣고 당면을 제외한 모든 재료와 양념을 넣고 끓어오르면 중불로 줄여 뚜껑을 덮고 30분간 끓여주세요.

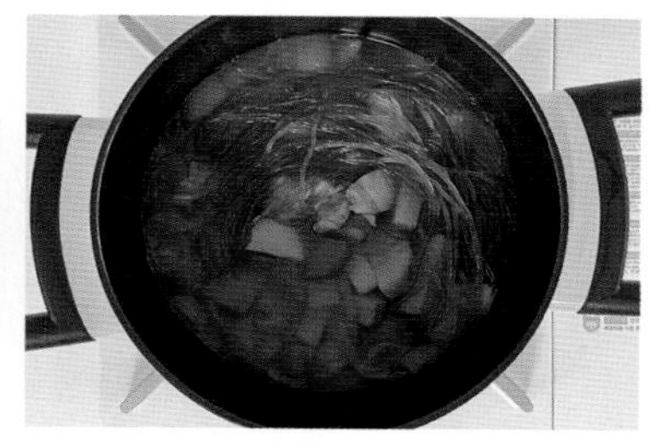

4 불린 당면을 넣고 부드럽게 익을 때까지 더 끓여주세요.

Tip!

* 레시피의 물 양은 당면을 넣는 레시피 기준이므로 당면을 생략할 경우라면 물 양을 적게 잡아주세요.
* 어른식에는 진간장, 설탕을 더해 간을 맞춰서 드세요.

닭곰탕

쌀쌀한 계절이 찾아오면 강력히 추천하는 뜨끈한 국물 요리!
밥을 말아 먹어도 맛있고 닭다리 하나 쥐여주면
야무지게 뜯어먹는 귀여운 모습도 보실 수 있답니다.
한 솥 가득 끓여서 온 가족이 도란도란 모여 앉아 맛있게 드세요.

아이와 엄마가
2~3회 먹을 수 있는 양

닭	한 마리(800g)
당면	60g
다진 대파	3큰술
감자	2개(110g)
소금	1꼬집
후추	1꼬집

[육수]

물	2L
무	1/4토막(300g)
대파	1/2대(100g)
양파	1개(200g)
마늘	10쪽

1 손질된 닭고기는 찬물에 20분 담가뒀다가 끓는 물에 살짝 데쳐주세요.

2 당면은 20분간 물에 담가 불려주세요.

3 냄비에 물 2L와 육수 재료를 넣고 끓으면 닭을 넣어서 30분 더 끓여주세요.

4 거품을 걷어내고 닭이 다 익었으면 감자와 대파를 넣고 한소끔 더 끓여주세요.

5 감자가 익으면 한 번 먹을 만큼만 냄비에 덜고 불린 당면을 넣고 끓여주세요.

* 그릇에 덜고 소금, 후추를 취향껏 가감해 간을 해주세요.

허니데리야키등갈비

'밥먹으러왔서윤' 인기 메뉴!
아이가 고기를 먹지 않아 걱정인 엄마들과 아이들을 위해 개발해낸 레시피예요.
실제로 고기는 전혀 입도 안 대던 아이들이
이 레시피로는 너무 잘 먹었다는 후기를 셀 수 없이 많이 받았답니다.
서윤이도 저도 좋아하는 메뉴라 자주 만들어 먹기도 해요!

재료

아이와 엄마가
1회씩 먹을 수 있는 양

등갈비	650g(뼈 무게 포함)
전분가루	3큰술
소금, 후추	각 1꼬집

[양념]

물	120ml
아기간장	1큰술
벌꿀	1큰술
맛술	1/2큰술
다진 마늘	1작은술

레시피

1 등갈비는 찬물에 4~5시간 담가두고 중간에 물을 한 번 갈아주며 핏물을 제거해주세요. 소금, 후추를 넣고 밑간해서 30분 정도 재워주세요.

2 등갈비에 전분가루를 골고루 묻히고 톡톡 털어낸 뒤 185℃ 에어프라이어에서 20분 동안 구워주세요.

3 양념 재료를 모두 섞어 팬에 넣고 1~2분 정도 끓여주세요.

4 3 끓는 양념에 구운 등갈비를 모두 넣고 양념이 골고루 밸 수 있게 뒤적이며 졸여주세요.

Tip!

* 등갈비의 핏물을 뺄 때 설탕 1큰술을 넣어주면 시간을 단축할 수 있어요.
* 벌꿀은 최소 돌 이후 섭취가 가능해요. 벌꿀은 아가베시럽이나 설탕으로 대체 가능해요.
* 어른식 허니데리야키소스는 물 120ml, 진간장 1큰술, 다진 마늘 1작은술, 꿀 1큰술, 맛술 1큰술, 후추 1꼬집으로 만들 수 있어요.

고등어참깨된장조림

서윤맘이 강력 추천하는 고등어참깨된장조림. 너무 맛있는 레시피예요!
된장을 넣어 고등어의 비린 맛도 잡아주었을뿐더러
촉촉해서 쌀밥 위에 고등어나 버섯을 한 점씩 올려 먹으면 너무 맛있어요.
서윤이도 잘 먹고 서윤맘도 좋아하는 레시피입니다.

재료

아이와 엄마가
1회씩 먹을 수 있는 양

손질 고등어	30g
대파	50g
팽이버섯	60g
해물육수	120ml

[양념]

된장	1큰술
아기간장	1작은술
올리고당	1/2큰술
참깨	2큰술
맛술	1/2큰술

Tip!

* 먹기 직전에 팽이버섯과 대파를 작게 잘라 넣어주세요.

레시피

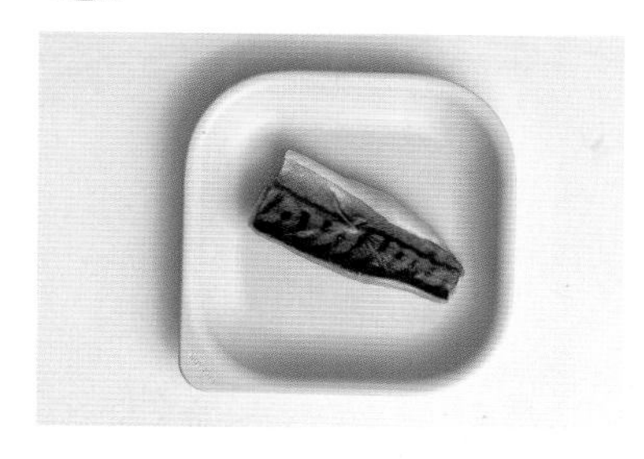

1 고등어는 뜨거운 물을 끼얹고 흐르는 물에 가볍게 헹군 다음 물기를 제거해주세요.

2 참깨는 절구에 넣고 빻아주세요.

3 대파는 2~3cm 크기로 썰고 팽이버섯은 밑동을 제거해주세요.

4 육수에 양념 재료를 모두 넣고 끓여주세요.

5 육수가 끓어오르면 1 고등어, 대파, 팽이버섯을 넣고 약불로 줄인 뒤 뚜껑 덮고 15~20분 정도 끓여주세요.

돼지목살마늘종볶음

다양한 식재료로 골고루 맛있게 만들어주자! 유아식을 시작하면서 제가 했던 다짐이에요.
마트에 장보러 가서 계절에 따라 바뀌는 제철 식재료를 보는 재미도 쏠쏠하고요.
6월 초 정도면 시장이나 마트 어디에서나 볼 수 있는 마늘종.
조리하기 전 끓는 물에 한 번 데쳐내서
특유의 알싸한 맛을 제거하고 만들어주면 아이들도 잘 먹을 수 있답니다.

재료

아이와 엄마가
1회씩 먹을 수 있는 양

돼지목살	100g
마늘종	30g
양파	20g

[양념]

간장	1큰술
맛술	1큰술
아가베시럽	1/2큰술
굴소스	1/4작은술
다진 마늘	1/2작은술

Tip!

* 어른식에는 간장이나 굴소스를 추가해 드세요.

1 양파는 채 썰어 1/2등분하고 마늘종은 먹기 좋은 크기로 썰어주세요.

2 끓는 물에 마늘종을 넣고 1분 정도 데친 다음 물기를 제거해주세요.

3 중불로 달군 팬에 오일을 약간 두르고 양파를 넣어 볶아주세요.

4 양파가 투명해지면 돼지목살과 마늘종을 넣고 볶아주세요.

5 고기가 80% 정도 익으면 양념을 넣고 잘 밸 수 있게 조금 더 볶아주세요.

깻잎만두

엄마를 닮아 깻잎을 좋아하는 서윤이를 생각하며 만들어본 레시피예요.
향이 강한 깻잎 속에 양념된 고기를 넣고 노릇노릇 구워내니 만두보다 훨씬 맛있더라고요.
그래서 지은 이름이 바로 '깻잎만두'랍니다.

아이와 엄마가
2회 먹을 수 있는 양

돼지고기 다짐육	100g
깻잎	8~10장
애호박	30g
당근	30g
대파	5g
달걀	2개
아기간장	1/2큰술
참기름	1작은술
다진 마늘	1작은술
밀가루	3큰술

Tip!

* 어른식에는 간장양념을 콕 찍어 드세요.
* 남은 깻잎만두는 한 김 식혀 밀폐 용기에 넣어 냉동 보관하고, 먹기 직전 175℃ 에어프라이어에서 10분 정도 돌려주면 좋아요.

레시피

1 깻잎은 앞뒤로 밀가루를 묻혀 톡톡 털어주세요.

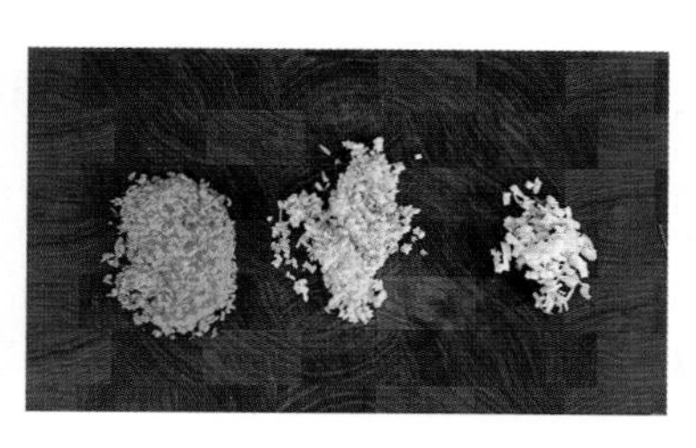

2 애호박, 당근, 대파는 잘게 다져주세요.

3 2 다진 채소와 돼지고기, 다진 마늘, 달걀 1개, 간장, 참기름을 넣고 잘 섞어서 속을 만들어주세요.

4 1 깻잎을 펼쳐서 3 만두 속을 가운데 올린 다음 양끝 날개를 접고 아랫부분도 위로 접어 세모 모양으로 만들어주세요.

5 달걀 1개를 풀어주고 4 깻잎만두 앞뒤로 달걀물을 골고루 묻혀주세요.

6 중불로 달군 팬에 오일을 넉넉하게 두르고 깻잎만두의 접은 면이 바닥을 향하도록 올려 노릇하게 구워주세요.

7 한 면이 익으면 뒤집어준 뒤 뚜껑을 덮고 약불에서 속까지 익혀주세요.

돼지간장불고기

고기와 야채를 모두 배즙간장양념에 재웠다가 볶아내
돼지고기의 잡내를 잡아줄뿐더러 식감도 훨씬 부드러워져요.
촉촉하게 볶아낸 레시피라 반찬으로도 좋지만 밥과 함께 비벼 덮밥처럼 만들어줘도 좋아요!

아이와 엄마가
1회씩 먹을 수 있는 양

돼지고기 (불고기용)	200g
양파	70g
당근	20g
버섯	70g
대파	20g

[양념]

아기간장	2큰술
맛술	1큰술
아가베시럽	1큰술
배즙	2큰술
다진 마늘	1/2큰술
참기름	1작은술

1 버섯은 얇게 찢어서 2등분해주고 당근, 양파, 대파는 얇게 채 썰어 먹기 좋은 크기로 썰어주세요.

2 양념 재료를 섞어 양념을 만들고 큰 볼에 버섯을 제외한 모든 재료를 담아 골고루 잘 섞어주세요. 냉장고에서 1~2시간 동안 재워두어요.

3 중불로 달군 팬에 2 고기를 넣고 볶아서 익혀주세요.

4 고기가 어느 정도 익으면 버섯을 넣고 한 번 더 볶아주세요.

* 어른식에는 고기를 볶을 때 진간장을 추가해 간을 맞춰 드세요.
* 돼지고기 부위는 얇게 썬 목살이나 앞다릿살이 좋아요.
* 배즙은 배를 갈아 체에 거르고 큐브 모양의 밀폐 용기에 담아 냉동으로 보관해서 그때그때 꺼내 쓰면 유용해요.

규카츠동

소고기는 아무래도 냉동했다가 해동하면 어쩔 수 없이 고기 냄새가 생길 때가 있잖아요.
어떻게 먹으면 좋을까 고민하다가
전분가루, 달걀물, 빵가루에 묻혀 튀겼더니 잡내도 없고 너무 맛있는 거 있죠?

재료

아이와 1회 먹을 수 있는 양

소고기 (구이용)	100g
빵가루	2큰술
달걀	1개
전분가루	1큰술
양파	40g

[양념]

물	120ml
아기간장	1큰술
맛술	1작은술
아가베시럽	1작은술

Tip!

* 3 과정에서, 소고기는 오래 익히면 질겨져요! 170℃ 온도의 기름에서 앞뒤 노릇하게만 튀겨주세요.

레시피

1 달걀 알끈을 제거하고 풀어주세요. 전분가루, 빵가루를 접시에 담아 준비해주세요.

2 소고기는 키친타월로 꾹 눌러 핏물을 제거해주고 전분가루, 달걀물, 빵가루 순으로 골고루 묻혀주세요.

3 중불로 달군 팬에 오일을 넉넉하게 두르고 2 소고기를 올려 앞뒤 노릇하게 튀긴 다음 접시에 덜어놓아요.

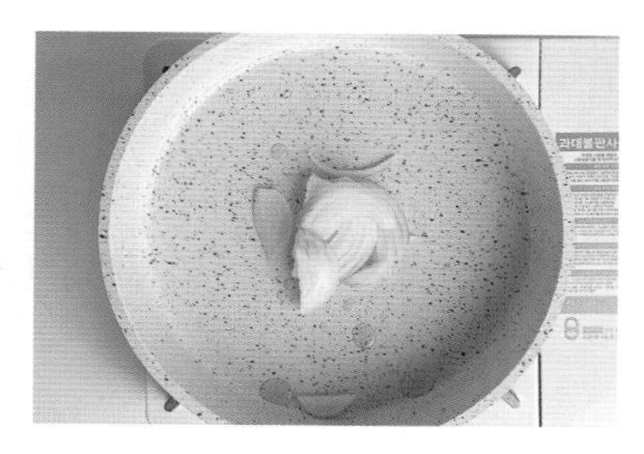

4 팬을 깨끗이 닦고 오일을 두른 뒤 채 썬 양파를 넣어 볶아주세요.

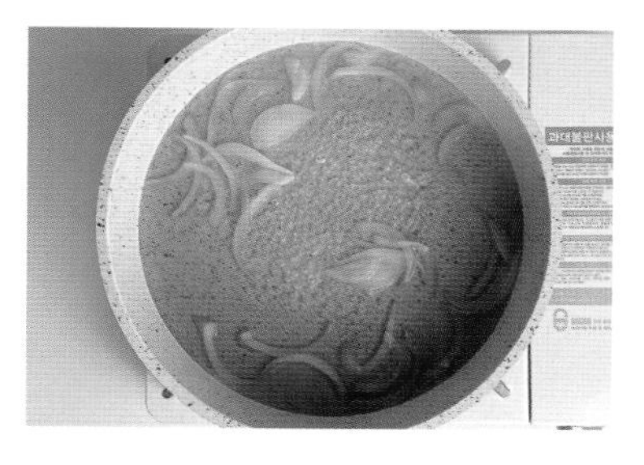

5 양념 재료를 모두 넣고 1분 정도 끓여주세요. 그릇에 밥, 소고기 튀김, 양파 양념장을 올려주세요.

깻잎육전

어린이집 알림장에 적힌 "서윤이가 반찬으로 나온 깻잎나물을 너무 잘 먹었어요"라는 글을 읽고
우리 서윤이가 깻잎도 잘 먹는다는 걸 알게 되었어요.
그때부터 종종 깻잎을 넣은 요리를 해줬는데 매번 잘 먹어줬거든요.
깻잎육전도 그런 메뉴 중 하나예요.

아이와 엄마가
1회씩 먹을 수 있는 양

육전용 소고기	100g
깻잎	9~10장
밀가루	3큰술
달걀	1개

레시피

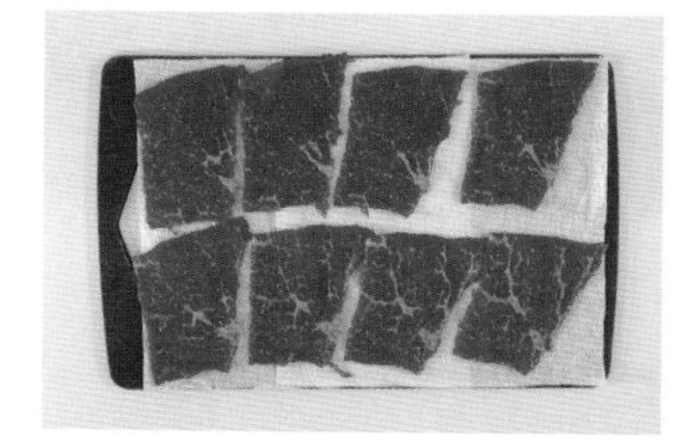

1 소고기는 키친타월 위에 얹어 핏물을 제거해주세요.

2 깻잎과 소고기는 각각 밀가루를 앞뒤로 묻혀서 톡톡 털어주세요.

3 달걀 1개는 알끈을 잘라 풀어주고 깻잎, 소고기는 한 장씩 겹쳐서 달걀물을 듬뿍 묻혀주세요.

4 중불로 달군 팬에 오일을 넉넉히 두르고 소고기 면이 바닥에 가도록 올려주세요.

5 앞뒤 골고루 노릇하게 구워주세요.

* 어른식에는 진간장 1큰술, 고춧가루 1/2작은술, 다진 청양고추 1개로 양념장 만들어서 찍어 먹으면 맛있어요.
* 너무 바싹 구우면 소고기가 질겨져서 아이가 먹기 힘들어요. 핏물이 없어질 정도로만 구워주세요.

닭고기감자조림

어른 아이 할 것 없이 맛있게 먹을 수 있는 반찬입니다.
푹 익어 양념 깊게 밴 감자가 아주 맛있는 레시피예요.
반찬으로도 좋고 작게 잘라 밥과 함께 비벼 먹어도 꿀맛입니다.

재료

아이는 2회, 엄마는 1회
먹을 수 있는 양

닭다리살	250g
감자	작은 크기 2개 (140g)
양파	60g
대파	20g
다진 마늘	1/2큰술
참기름	1작은술
참깨	1/2큰술

[양념]

육수(채수 또는 물)	300ml
아기간장	2큰술
맛술	1큰술
아가베시럽	1큰술

레시피

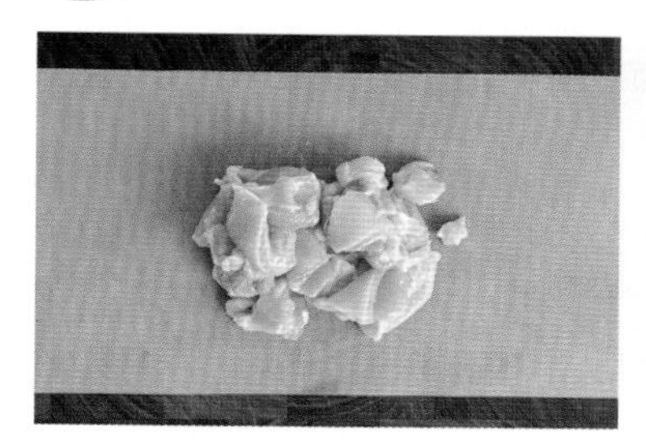

1 닭다리살은 우유에 20분 정도 담가둔 다음 껍질과 지방을 제거해 흐르는 물에 헹구고 먹기 좋은 크기로 썰어주세요.

2 대파는 2cm 길이로 큼직하게 썰고 양파와 감자는 깍둑썰기 해주세요.

3 중불로 달군 팬에 오일을 두르고 대파와 다진 마늘을 넣고 볶아주세요.

4 대파 향이 올라오면 양파, 닭다리살을 넣고 겉면만 노릇하게 익혀주세요.

5 육수와 양념 재료를 모두 넣고 감자를 넣어 강불에서 끓어오르면 중불로 줄여 10분 정도 졸여주세요.

6 감자가 부드러워지면 불을 끄고 참기름과 참깨를 뿌려주세요.

Tip!

* 어른식에는 간장과 청양 고추를 추가해 먹으면 더욱 맛있어요.

밥솥닭다리삼계탕

밥솥을 이용해 너무나 간단하고 쉬운 삼계탕 레시피예요.
재료를 손질해서 밥솥에 넣고 버튼만 누르면 진하고 맛있는 국물이 우러나요.

재료

아이와 엄마가
여러 번 먹을 수 있는 양

닭다리(북채) 8개
말린 대추 5개
삼계탕 약재 1봉
통마늘 10~15쪽
물 800ml

1 닭다리는 흐르는 물에 씻고 기름 덩이들은 잘라주세요. 전기밥솥 내솥에 모든 재료를 넣고 '만능찜 모드'로 40분간 돌려주세요.

Tip!

* 먹기 직전 국물에 소금을 넣어 간을 맞춰 드세요.
* 한 번에 다 먹을 수 없다면 닭다리 뼈를 발라내고 살을 얇게 찢은 다음 육수와 함께 소분해서 냉동 보관하면 든든한 비상식량이 돼요.
* 삶은 소면을 넣어줘도 좋고 밥을 말아줘도 좋아요.

연어달걀찜

연어는 영양가가 높고 오메가 3 지방산과 단백질, 비타민 D, DHA 등이 풍부한 생선이에요.
특히 영유아의 뇌 발달 단계에서 DHA 섭취는 두뇌 발달과 기억력 향상에 도움을 줘요.
구워도 좋고 달걀찜으로 만들어주면 부드러운 맛이 일품이에요.

재료

아이와 엄마가
1회씩 먹을 수 있는 양

달걀	2개
연어	50g
해물육수	4큰술
소금	1꼬집

[연어 밑간]

소금	1꼬집
맛술	1작은술
후추	약간

레시피

1 달걀 2개를 풀어서 고운체에 한 번 거르고 육수와 소금을 넣고 섞어주세요.
2 연어는 큐브 모양으로 썰고 밑간 양념을 넣고 버무려주세요.
3 그릇에 연어를 올리고 1 달걀물을 부은 뒤 랩을 씌워주세요.
4 찜기의 물이 끓으면 3 그릇을 올리고 뚜껑을 덮어 15~20분간 쪄주세요.

Tip!

* 달걀물에 거품이 적어야 예쁘게 익어요.

돼지고기부추만두

집에서 만드는 건강한 만두. 재료가 복잡하고 어려울 것 같죠?
그렇지만 간단한 재료만으로도 시판 만두보다 건강하고 맛있는 만두를 빚을 수 있어요.
한 번에 많은 양을 만들고 냉동 보관해두면 필요할 때마다 꺼내어
만둣국, 군만두, 만두밥 등 다양한 요리에 활용도 가능합니다.

재료

아이와 엄마가
여러 번 먹을 수 있는 양

만두피	20~30장
돼지고기 다짐육	250g
당면	100g
부추	60g
두부	100g

[고기 밑간]

아기간장	2큰술
맛술	1큰술
다진 마늘	1/2큰술
굴소스	1작은술

레시피

1 돼지고기는 밑간 양념을 하고 20분 정도 재워두세요. 당면은 끓는 물에 넣고 삶은 후 찬물에 헹궈주고 물기를 제거해 가위로 잘게 잘라주세요. 두부는 면보로 물기를 짜고 부추는 0.5cm 길이로 썰어주세요.

2 1 재료를 모두 한곳에 넣고 잘 버무려 만두소를 만들어주세요.

3 손가락에 물을 묻혀 만두피 테두리에 살짝 발라주고 만두소를 채워 빚어주세요.

4 찜기에 물이 끓으면 만두를 서로 닿지 않게 올리고 15분간 쪄주세요.

Tip!

* 찜기에서 쪄낸 만두는 한 김 식히고 밀폐 용기에 서로 닿지 않게 담아 냉동 보관하고 먹기 직전 찜기에 쪄서 드시면 됩니다. 만둣국, 만두밥 등 다양한 요리에 활용해보세요!

돼지목살탕수육

집에서도 간단하고 쉽게 만들 수 있는 탕수육 레시피예요.
양념이 달달하니 맛있어서 엄마도 아이도 함께 맛있게 먹을 수 있는 메뉴가 될 거예요.

재료

아이가 1회 먹을 수 있는 양

돼지목살	120g
파인애플	50g
양파	40g
당근	25g
전분가루	1컵
전분물	1큰술(전분1:물2)

[양념]

물	150ml
아기간장	1큰술
맛술	1작은술
아가베시럽	1/2큰술
레몬즙	1/2작은술
굴소스	1/2작은술

[고기 밑간]

소금, 후추	약간씩

1 양파, 당근, 파인애플은 먹기 좋은 크기로 썰어주세요.

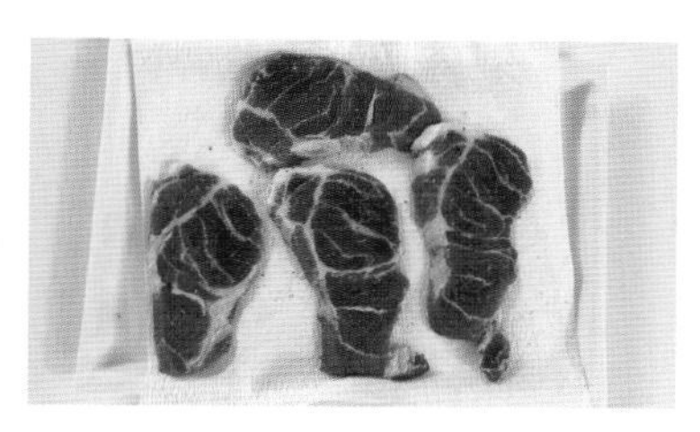

2 돼지목살은 키친타월로 꾹 눌러 핏물 제거해주고 소금, 후추로 밑간을 해주세요.

3 돼지목살은 앞뒤로 전분가루를 골고루 묻혀주세요.

4 중불로 달군 팬에 오일을 넉넉히 두르고 돼지목살을 튀기듯 구워주세요.

5 구운 돼지목살은 잠시 빼두고 팬을 깨끗이 닦은 뒤 오일을 조금 두르고 양파와 당근을 넣고 볶아주세요.

6 양파가 익으면 파인애플을 넣어 살짝만 볶다가 양념 재료를 부어주고 2분 정도 끓여주세요.

7 전분물을 붓고 빠르게 저어준 뒤 불을 끄고 나서 구운 돼지목살을 넣어 골고루 버무려주세요.

Tip!

* 닭다리살, 새우, 돼지고기 안심 부위로도 대체 가능해요.
* 어른식에는 돼지목살에 밑간을 조금 더해주고, 간장 2큰술, 사과식초 1/2작은술, 고춧가루 1/2작은술로 양념장을 만들어 찍어 드시면 훨씬 맛있어요.

비엔나소시지

소시지라고 하면 아이 건강에 나쁜 첨가물이 가득 들어 있다고 생각하는 게 보통이잖아요.
여기서 소개하는 비엔나소시지는 야채로 만든 건강한 레시피이지만
시중의 소시지맛과 비슷해서 냉동고에서 떨어질 때 되면 다시 만들어 채워두는 메뉴예요!
특별한 반찬이 없을 때 서너 개 꺼내서 구워주면 이만한 반찬이 없어요.

재료

아이와 엄마가
여러 번 먹을 수 있는 양

돼지고기 다짐육(안심)	120g
당근	10g
애호박	15g
양파	15g
표고버섯	5g
소금	1꼬집
전분가루	1큰술
굴소스	1/2작은술

레시피

1 양파, 애호박, 표고버섯, 당근을 작게 다져주세요.

2 1 다진 채소와 모든 재료를 섞고 치대어 반죽을 만들어주세요.

3 랩 위에 2 반죽을 조금씩 떼어내 올리고 소시지 모양으로 말아준 다음 밀폐 용기에 담고 냉장고에서 2시간 정도 숙성해주세요.

4 소시지에서 랩을 떼어내고, 약불로 달군 팬에 오일을 두르고 굴려가며 노릇하게 구워주세요.

Tip!

* 조리 전 상태에서 밀폐 용기에 넣어 냉장은 3일, 냉동일 경우에는 2개월까지 보관하고 빠른 시일 내 섭취해주세요.
* 냉동 보관한 소시지는 해동하지 말고 약불로 달군 팬에서 구워주세요.

생선큐브강정

아이가 생선을 안 먹어 걱정이라는 분들의 많은 요청으로 탄생하게 된 생선큐브강정이에요.
토마토케첩이라는 필승 재료 덕분에 맛이 없으려야 없을 수 없는 레시피죠.
달콤해서 생선인지도 모르고 잘 먹어줄 테니 꼭 한번 만들어보세요!

재료

아이와 엄마가
1회씩 먹을 수 있는 양

명태 순살	150g
당근	15g
파프리카	20g
전분가루	1큰술 반

[양념]

토마토케첩	2큰술
아기간장	1큰술
올리고당	1/2큰술
맛술	1작은술
물	4큰술

Tip!

* 냉동된 생선은 자연 해동 후 조리해야 비린내가 나지 않아요.
* 흰살생선류로 대체 가능해요.

레시피

1 생선, 당근, 파프리카는 먹기 좋은 크기로 썰어주세요.

2 생선은 키친타월로 물기를 가볍게 제거하고 전분가루를 넣어 골고루 묻혀주세요.

3 중불로 달군 팬에 오일을 넉넉히 두르고 생선을 넣어 앞뒤 노릇하게 튀기듯 구워주세요.

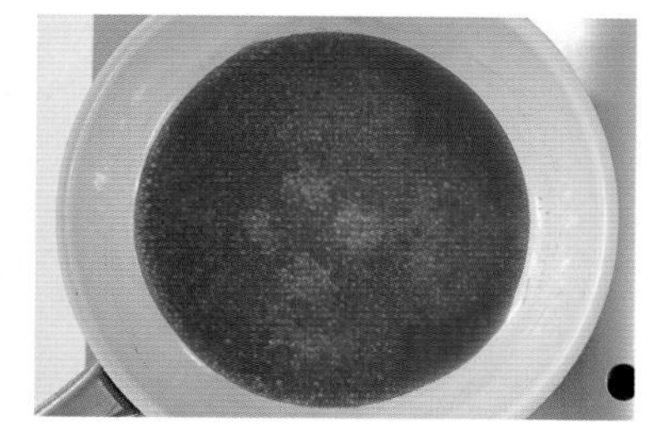

4 양념 재료를 섞어 양념을 만들고 팬에서 약불로 30초 정도 끓여주세요.

5 당근, 파프리카, 튀긴 생선 순으로 넣고 골고루 버무린 다음 조금 더 졸여주세요.

양배추제육볶음

어른식으로 빨갛고 매콤한 제육볶음을 만들 때에도 양배추를 가득 넣어주면 정말 맛있어요.
양배추 한 통이 순식간에 사라질 거예요.
유아식 제육볶음 요리에서도 양배추를 부드럽게 익혀내서 아이들이 먹기에 부담도 없고
덮밥으로 비벼줘도 잘 먹을 거예요.

재료

아이와 엄마가
1회씩 먹을 수 있는 양

얇은 돼지목살	80g
양배추	130g
당근	30g
대파	15g
채수	100ml

[양념]

아기간장	2큰술
맛술	1큰술
아가베시럽	1큰술
참기름	1/2큰술
다진 마늘	1작은술

Tip!

* 마트나 정육점에는 얇게 저민 돼지목살이 있어요. 앞다릿살도 가능해요.
* 어른식에는 진간장, 설탕, 청양고추를 취향껏 간에 맞게 넣어 드세요.

레시피

1 돼지고기와 양배추는 먹기 좋은 크기로 썰고 당근은 얇게 썰어주세요. 대파도 잘게 다져주세요.

2 양념 재료를 모두 섞어 양념장을 만들고, 대파를 제외한 모든 재료를 넣어 조물조물 섞어준 다음 30분간 재워두세요.

3 중불로 달군 팬에 오일을 두르고 대파를 넣고 볶아주세요.

4 대파 향이 올라올 때 재워둔 야채와 고기를 넣고 강불에서 수분이 생기지 않도록 볶아주세요.

5 고기가 익고 양배추의 숨이 살짝 죽으면 채수를 넣고 끓여주세요. 뚜껑을 덮은 채로 3~5분 정도 끓이다가 불을 끄고 10분간 뜸들여주세요.

찹스테이크

굴소스를 넣지 않고도 맛있게 만들 수 있는 찹스테이크예요.
버터는 요리 마지막 단계에 올려서 전체적으로 버터 향에 버무려지게 해 풍미도 가득하답니다.

재료

아이와 엄마가
1회씩 먹을 수 있는 양

소고기(안심 또는 등심)	60g
양송이버섯	25g
파프리카	15g
양파	20g
당근	15g
애호박	15g
올리브오일	1큰술
무염버터	5g
아가베시럽	1작은술

레시피

1 버섯, 파프리카, 양파, 당근, 애호박, 소고기는 큐브 모양으로 썰고 소고기는 키친타월에 얹고 꾹 눌러 핏물을 제거해주세요.

2 중불로 달군 팬에 올리브오일을 두르고 양파를 먼저 넣어 볶아주세요.

3 당근, 애호박을 넣고 볶아주세요.

4 당근이 익으면 소고기, 버섯을 넣고 익혀주세요.

5 고기가 어느 정도 익으면 불을 끄고 무염버터와 아가베시럽을 넣어 잘 버무려주세요.

Tip!

* 소고기는 너무 바짝 익히면 질겨지니 핏기가 없을 정도로 구워주세요.
* 어른식에는 굴소스를 추가해 먹어도 맛있어요.

초계무침

더운 여름날 자주 만들어 먹는 초계무침을 유아식 버전으로 시원하고 새콤달콤하게 무쳐냈어요.
오이와 파프리카 두 가지는 모두 서윤이가 너무 좋아하는 재료라서
초계무침을 만들어주면 오이나 파프리카만 쏙쏙 빼먹기도 한답니다.

아이와 엄마가
1회씩 먹을 수 있는 양

닭 안심	60g
오이	25g
파프리카	10g
아기간장	1작은술
아가베시럽	1/2작은술
레몬즙	1/2작은술

1 손질된 닭 안심은 끓는 물에 넣고 데쳐서 익힌 다음 찬물에 담가 식혀주세요.
2 오이와 파프리카는 얇게 채 썰고 1 익힌 닭고기는 먹기 좋은 크기로 찢어주세요.
3 준비된 재료에 아기간장, 아가베시럽, 레몬즙을 넣고 골고루 버무려주세요.

* 오이는 필러로 껍질을 제거하고 5cm 정도의 길이로 자른 다음 사과를 깎듯이 얇게 돌리며 깎은 뒤 얇게 채 썰어주세요. 오이씨는 사용하지 않아요.

치킨바이트

서윤이가 '치킨'이라고 부르며 좋아하는 메뉴예요.
우유에 담가 재워둔 닭가슴살은 치즈 빵가루에 묻혀내 튀기면 퍽퍽하지 않고
치즈의 풍미도 훌륭하고 너무 맛있어요.

아이와 엄마가
여러 번 먹을 수 있는 양

닭가슴살	140g
달걀	1개
우유	100ml
밀가루	2큰술

[치즈 빵가루]

빵가루	6큰술
파마산치즈	3큰술

1 닭가슴살은 흐르는 물에 가볍게 헹구고 먹기 좋은 크기로 썰어주세요. 우유를 붓고 30분 정도 재운 다음 우유를 따라내 버려주세요.

2 밀가루, 달걀물, 치즈 빵가루 순으로 묻혀주세요. 180℃ 에어프라이어나 오븐에서 12분, 뒤집어서 5분 정도 구워주세요.

* 빵가루는 식빵을 초퍼에 갈아서 사용해도 좋아요.
* 파마산치즈는 파르미지아노 레지아노 고체 치즈를 그레이터에 갈아서 사용해요.

치킨국수

특식으로 내어주기에 안성맞춤인 치킨국수 레시피예요.
냉동실에 닭고기육수가 놀고 있다면 꼭 한 번 만들어보세요.
서윤맘은 닭다리삼계탕을 만든 날이면 남은 육수는
꼭 소분해 얼려두었다가 치킨국수로 만들어 먹어요. 정말 맛있어요!

재료

아이와 엄마가
1회씩 먹을 수 있는 양

닭다리살	120g(손질 후)
청경채	50g
대파	15g
소면	1.5인분
닭고기육수	550ml
전분가루	1작은술
소금	1꼬집

1 청경채는 밑동을 자르고 깨끗하게 씻은 후 먹기 좋은 크기로 썰어요. 대파도 작게 썰어주세요.

2 닭다리살은 손질 후 먹기 좋은 크기로 썰고 전분가루를 넣어 잘 버무려주세요.

3 중불로 달군 냄비에 오일을 두르고 2 닭다리살을 넣어 노릇하게 익혀주세요.

4 닭고기육수를 붓고 청경채를 넣어 한소끔 끓여주다가 소금으로 간을 해주고 대파도 넣어주세요.

5 소면은 삶아서 찬물에 헹군 뒤 물기를 꾹 짜고 그릇에 담고 4육수와 재료도 함께 담아주세요.

Tip!

* 어른식에는 소금을 더해 간을 하거나 치킨스톡을 넣어도 좋아요.

허니데리야키치킨

촉촉한 닭다리살 스테이크예요.
서윤이가 데리야키등갈비를 정말 좋아하는데
집에 있는 닭다리살로 뭘 만들어볼까 고민하다가 데리야키등갈비 레시피를 그대로 응용했어요!
어려서 등갈비를 뜯기 버거운 아가들을 위해서 닭다리살로 만들어보았어요.
먹기에 훨씬 수월할 거예요.

아이와 엄마가
1회씩 먹을 수 있는 양

닭다리살	200g
청경채	40g
버섯	20g
전분가루	3큰술

[양념]

물	120ml
아기간장	1큰술
맛술	1작은술
다진 마늘	1작은술
꿀	1큰술

1 닭다리살은 손질 후 먹기 좋은 크기로 썰고 전분가루를 묻혀 180℃ 에어프라이어에서 13~15분 동안 구워주세요.

2 청경채와 버섯은 먹기 좋은 크기로 썰어주세요.

3 팬에 양념 재료를 모두 넣고 2분 정도 끓여주세요.

4 청경채와 버섯, 1 닭다리살을 넣고 골고루 버무려준 다음 약불에서 졸여주세요.

* 꿀은 돌 이전 아가들은 섭취할 수 없어요. 꿀 대신 비정제설탕이나 아가베시럽 등으로 대체 가능해요.
* 에어프라이어가 없다면 중불로 달군 팬에 오일을 두르고 노릇하게 구워주셔도 좋아요.

7장

특별식

Special Menu

식사하는 일에 흥미가 떨어져서 밥을 잘 먹지 않으려고 하는 시기,
일명 '밥태기'가 온 아이들의 입맛을 돋구어줄 메뉴를 모아봤어요.
입맛에 꼭 맞아 잘 먹을 수 있는 레시피가 많아요.
아이들의 밥태기가 얼른 지나갔으면 하는 마음입니다.

전복버터밥

고소한 전복 내장까지 전복 한 마리를 통째로 사용한 영양만점 버터밥입니다.
버터 향을 입혀서 아이들도 맛있게 잘 먹을 수 있어요.

재료

아이와 엄마가
2회 정도 먹을 수 있는 양

전복	2~3마리
무염버터	15g
쌀	2컵
물	240ml
아기간장	1/2큰술
참기름	1/2큰술

Tip!

* 어른식에는 비빔간장을 넣고 비벼 먹으면 훨씬 맛있어요.
* 완성된 밥에 무염버터를 한 조각 올려서 비벼 먹어도 좋아요.

레시피

1 전복은 손질 후에 내장은 곱게 갈아주세요. 전복 한 마리는 슬라이스로 썰고, 한 마리는 토핑용으로 벌집 모양으로 칼집을 내주세요. 쌀은 여러 번 씻고 물에 담가 30분 이상 불려주세요.

2 중불로 달군 팬에 무염버터를 녹이고 토핑용 전복을 올려 구워주세요.

3 냄비에 참기름을 두르고 약불에서 전복 내장과 슬라이스 전복을 넣어 볶아주세요.

4 불린 쌀은 물기를 제거하고 3 냄비에 넣고 1분 정도 볶아주세요.

5 물을 붓고 끓어오르면 뚜껑을 덮고 약불에서 끓여주세요. 10분이 지나면 2 구운 전복을 가운데에 올리고 가스불에서 내려 5분간 뚜껑을 덮어 뜸들여주세요.

치킨빠에야

피부가 예민한 아이들이 있죠. 피부의 염증 제거에 탁월한 효과가 있는
커큐민을 가득 품고 있는 강황가루를 주재료로 넣어 맛있게 만든 레시피예요.
리조토처럼 부드러운 식감이기도 하고 닭다리살도 촉촉하게 익혀내 아이들이 먹기 좋아요.
그릇에 덜어 소금으로 간을 맞춰 먹으면 되니
어른 밥, 아이 밥 번거롭게 따로 간을 할 필요 없이 함께 맛있게 먹을 수 있어요.

아이는 1회, 엄마는 2회 정도 먹을 수 있는 양

닭다리(북채)	3개
쌀	1컵
양파	30g
강황가루	1큰술
아가베시럽	1/2큰술
채수육수	2컵

[고기 밑간]

올리브오일	1큰술
맛술	1/2큰술
후추	1꼬집

Tip!

* 먹기 전에 소금으로 간을 해주세요.
* 닭다리살로 만들어도 좋아요.

레시피

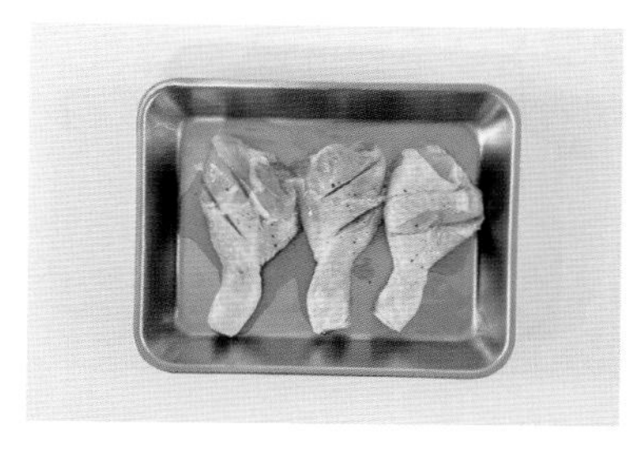

1 닭다리는 우유에 20분간 재웠다가 흐르는 물에 헹궈주고 칼집을 내주세요. 고기 밑간 양념을 골고루 발라 20분 정도 두세요.

2 양파는 잘게 다져주세요.

3 중불로 달군 냄비에 올리브오일을 두르고 1 닭다리를 올려 겉면만 노릇하게 구워주고 잠시 빼놓아요.

4 키친타월로 냄비를 한 번 닦아낸 뒤 중불에서 올리브오일을 두르고 양파를 넣어 볶다가 투명해지면 불린 쌀과 강황가루, 구워둔 닭다리까지 넣고 더 볶아주세요.

5 육수의 1/2을 붓고 아가베시럽을 넣은 다음 잘 저어주며 끓여주세요.

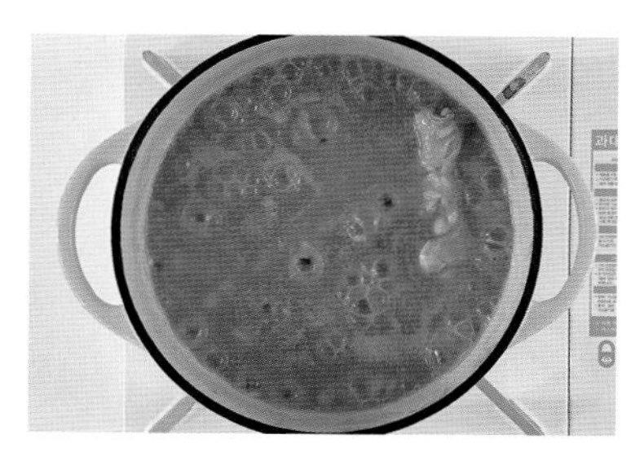

6 육수가 어느 정도 졸아들면 남은 육수를 마저 붓고 저어가며 쌀이 익을 때까지 끓여주세요.

게맛살밥볼

간단한 재료들로 쉽게 만들어낼 수 있고 채소를 편식하는 아이들도
게맛살 맛에 속아 한 입씩 쏙쏙 집어넣는 귀여운 모습을 볼 수 있을 거예요.

재료

아이가 1회 먹을 수 있는 양

게맛살	30g
파프리카	10g
양파	20g
밥	80g
다진 대파	1큰술
참기름	1/2작은술

레시피

1 게맛살은 잘게 찢어 뜨거운 물에 담갔다가 물기를 꾹 짜주고, 채소들은 잘게 다져주세요.

2 중불로 달군 팬에 오일을 두르고 대파와 양파를 먼저 넣어 볶아주세요.

3 양파가 익으면 파프리카와 게맛살을 넣고 살짝 더 볶아주세요.

4 밥에 3 볶은 재료와 참기름을 넣어 골고루 비벼준 다음 동그랗게 모양을 내주세요.

Tip!

* 게맛살로도 간이 되지만 추가를 원할 때엔 비빔간장을 취향에 맞게 가감해서 넣어주세요.

치즈새우초밥(데리야키소스)

보기 좋은 떡이 맛도 좋잖아요. 아이들은 이따금 맛보다 호기심이 생기는 요리를 더 잘 먹기도 한답니다. 아이 스스로 치즈 따로 새우 따로 밥 따로 먹기도 하며 먹는 재미를 느낄 수 있게 도와주세요.

재료

아이가 1회 먹을 수 있는 양

새우	3~4마리
밥	70g
아기치즈	1장
사과즙 (또는 사과주스)	1작은술

[양념]

물	120ml
간장	1/2큰술
맛술	1작은술
아가베시럽	1작은술

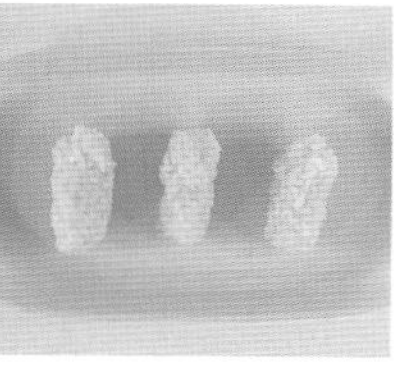

레시피

1 양념의 모든 재료를 섞어주세요.
2 중약불로 달군 팬에 오일을 조금 두르고 새우를 앞뒤로 익혀주세요.
3 새우가 익으면 1 양념을 붓고 졸이듯이 끓여주세요.
4 밥에 사과즙을 넣고 골고루 섞은 뒤 먹기 좋은 크기로 뭉쳐주세요. 새우를 올리고 아기치즈를 올려준 다음 전자레인지에서 10초간 돌려주세요.

Tip!

* 어른식에는 밥에 소금 간을 추가해줘도 좋아요.

옥수수콘치즈밥

매년 초당옥수수가 나오는 철이 되면 꼭 한 번은 만들어 먹었던 콘치즈밥이에요.
맛이 없을 수 없는 재료와 그에 걸맞은 레시피죠!
6월이 되면 제철 초당옥수수로 꼭 한번 만들어보세요.

재료

아이가 1회 먹을 수 있는 양

옥수수	40g
양파	20g
파프리카	15g
밥	70g
무염버터	5g
아기치즈	1장
굴소스	1/4작은술 (생략 가능)

레시피

1 옥수수콘은 물기를 제거하고 양파와 파프리카는 작게 다져주세요.

2 중불로 달군 팬에 오일을 두르고 양파를 넣어 볶아주세요.

3 양파가 투명해졌을 때 옥수수와 파프리카, 무염버터를 넣어서 살짝만 볶아주세요.

4 가스불을 끄고 밥과 굴소스를 넣어 잘 비벼준 다음 강불로 올려서 빠르게 볶아주세요.

5 그릇에 옮겨 담아 치즈를 올리고 전자레인지에서 30초간 돌려주세요.

Tip!

* 아기치즈로 간을 대신할 경우 굴소스는 생략해주거나 아기간장으로 대체 가능해요.
* 6월쯤 나오는 제철 초당옥수수로 만들면 더욱 맛있어요!

톳주먹밥

유아식에 톳! 어려울 것 같죠?
이번엔 서윤이가 유독 잘 먹고 좋아하는 톳주먹밥이에요.
주먹 크기로 뭉쳐서 쥐여주면 조그만 입으로 앙 베어 먹는 모습이 정말 귀엽답니다.

재료

아이와 엄마가
1회씩 먹을 수 있는 양

건조톳	5g
표고버섯	작은 크기 1개(10g)
당근	20g
밥	120g
참기름	2작은술
부순 참깨	1작은술

[양념]

물	120ml
아기간장	1큰술
아가베시럽	1큰술
맛술	1/2큰술
참기름	1작은술

Tip!

* 톳조림은 반만 사용하고 밀폐 용기에 담아 냉장 보관했다가 김밥에 넣거나, 반찬으로 먹어도 좋아요.
* 염장톳을 사용할 시 20분 정도 물에 담가뒀다가 여러 번 깨끗이 헹궈 소금기를 완전히 빼고 조리해주세요.
* 어른식은 5 과정에서 비빔간장을 넣어 간을 더해 만들어 드세요.

레시피

1 건조톳은 물에 10분 정도 불려주세요.

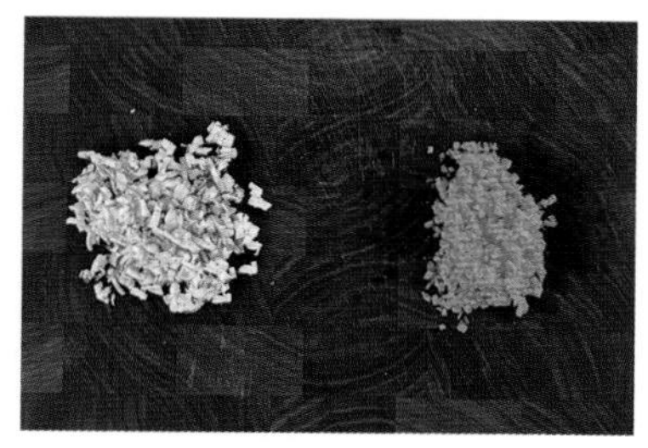

2 표고버섯과 당근은 잘게 다져주세요.

3 약불로 달군 팬에 참기름을 넣고 표고버섯과 당근을 각각 볶아주세요.

4 양념 재료를 섞어 양념을 만들고 팬에 불린 톳과 함께 넣어 강불로 끓이다가 끓어오르면 중불로 낮춰 졸여주세요.

5 큰 볼에 밥, 톳조림, 표고버섯, 당근, 부순 참깨를 넣고 잘 섞고 동글동글 뭉쳐주세요.

당근라페불고기주먹밥

당근은 사계절 내내 두고 먹을 수 있는 식재료라서 항상 떨어질 일 없이 구비해두고 요리할 수 있어요.
다양한 효능을 가지고 있는 당근으로 가장 신선하게 먹을 수 있는 요리가 당근라페인 것 같아요.
라페râpées는 '갈다, 채치다'를 뜻하는 말로, 당근라페는 채친 당근 요리를 의미해요.
유아식 버전으로 만든 당근라페를 활용하여 아이가 손에 쥐고
'앙' 베어 먹을 수 있게 만든 주먹밥 레시피입니다.

재료

아이와 엄마가
1회씩 먹을 수 있는 양

당근	25g
소고기	30g
밥	90g
참깨	1작은술
검은깨	1/2작은술
소금	1꼬집

[당근라페 양념]

올리브오일	1큰술
레몬즙	1/2작은술
아가베시럽	1/3큰술

[고기 밑간]

아기간장	1작은술
아가베시럽	1작은술
맛술	1/2작은술

Tip!

* 3 소고기는 가위로 자르는 것보다는 살짝 익었을 때 양손에 주걱을 쥐고 찢어주면 훨씬 맛이 좋아요.
* 당근라페를 만들 때는 당근을 최대한 얇게 써는 게 좋아요. 채칼을 활용해주세요.
* 소금으로 재우는 단계를 생략할 경우, 채 썬 당근을 전자레인지에 30초에서 1분 정도 돌린 다음 식히고 냉장고에서 차갑게 만든 후 당근라페 양념을 넣어 버무려주세요.

레시피

1 소고기는 키친타월로 꾹 눌러 핏물을 제거해주고 고기 밑간 양념을 넣고 버무린 다음 20분간 재워두어요.

2 당근은 채칼로 얇게 썰고 소금을 넣어 10분간 재운 다음 당근의 숨이 죽으면 당근라페 양념 재료를 넣고 버무려주세요.

3 중불로 달군 팬에 오일을 두르고 1 재워둔 소고기를 볶아주세요.

4 밥과 2 당근라페, 3 소고기를 넣고 잘 섞어주세요.

5 절구에 참깨와 검은깨를 넣고 빻아주세요.

6 4 섞은 밥을 동그란 모양으로 뭉쳐서 주먹밥을 만들고 5 깨를 묻혀주세요.

닭한마리칼국수

서윤이가 칼국수를 특히나 좋아해서 자주 만들어준 메뉴예요.
닭 한 마리를 사와서 손질하기가 번거롭다 싶을 때는
닭가슴살로만 만들어도 충분히 진하고 맛있는 육수를 맛볼 수 있답니다.

재료

아이와 엄마가
1회씩 먹을 수 있는 양

닭가슴살	140g
애호박	50g
양파	30g
감자	40g
대파	5g
다진 마늘	1작은술
칼국수면	1.5인분
아기국간장	2작은술
채수	550ml

1 애호박, 감자, 양파는 채 썰고 대파는 작게 다져주세요.

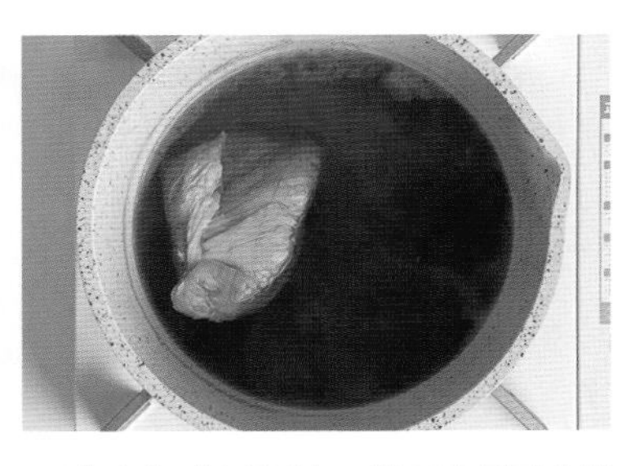

2 냄비에 채수를 붓고 끓으면 닭가슴살을 넣고 삶아주세요. 닭가슴살이 익으면 건져내서 식혀주세요.

3 2 삶은 닭가슴살이 식으면 얇게 찢거나 먹기 좋게 썰어주세요.

4 2 육수에 채 썬 야채들을 넣고 반쯤 익으면 칼국수 면을 넣고 부드러워질 때까지 끓여주세요.

5 면과 육수를 그릇에 담고 찢어둔 닭가슴살을 고명으로 올려주세요.

* 칼국수면은 겉에 묻은 밀가루를 흐르는 물에 가볍게 헹군 다음 끓는 물에 넣고 삶아주세요.
* 어른식에는 국간장과 소금을 더해 간을 맞춰주세요.

고기폭탄쌀국수

시원한 국물의 쌀국수를 집에서도 쉽고 간단하게 만들 수 있는 레시피로 재구성해보았어요.
한 번 만들어주면 서윤이는 리필에 리필을 더해 먹었던 메뉴라서
꼭 한번 만들어보셨으면 좋겠어요.

재료

아이와 엄마가
1회씩 먹을 수 있는 양

소고기 (불고기용)	60g
고기육수 (또는 해물육수)	550ml
숙주	25g
쌀국수면	1인분
아기국간장	2/3큰술
치킨스톡	1작은술

[고기 밑간]

아기간장	1/2작은술
참기름	1/2작은술

1 냄비에 육수가 끓어오르면 소고기를 넣고 데친 다음 그릇에 덜고, 육수에 국간장과 치킨스톡을 넣어 한소끔 끓여 살짝 식혀두세요.

2 1 데친 소고기에 고기 밑간 양념을 넣어 버무려준 다음 잠시 두세요.

3 다른 냄비에 물이 끓으면 쌀국수면과 숙주를 넣고 익혀요. 쌀국수면이 부드럽게 익으면 찬물에 헹구고 물기를 제거해주세요. 그릇에 삶은 면과 숙주를 담고 육수를 부은 다음 2 소고기를 올려주세요.

Tip!

* 소고기는 오래 익히면 질겨지니 고기 색만 변하면 바로 건져내주세요.
* 어른식에는 육수에 국간장, 치킨스톡을 추가해주세요.
* 소고기는 샤브샤브용, 불고기용이 좋아요!

육전조랭이떡국

깔끔한 국물에 담백한 소고기육전을 고명으로 올린 떡국이랍니다.

재료

아이와 엄마가
1회씩 먹을 수 있는 양

조랭이떡	200g
달걀	1개
해물육수	550ml
다진 마늘	1작은술
아기국간장	1작은술

[육전]

육전용 고기	60g
밀가루	1큰술
달걀물	3큰술

Tip!

* 어른식 육전에는 고기에 소금과 후추로 밑간을 하고, 육수에 국간장이나 소금으로 간을 맞춰 드세요.
* 육전용 소고기로는 지방이 적은 홍두깨살, 우둔살을 사용해요.

레시피

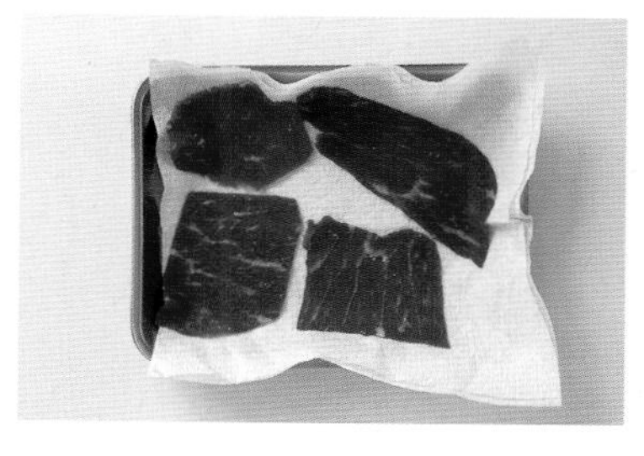

1 육전용 고기는 키친타월 위에 얹어 핏물을 제거해주세요.

2 1 고기를 밀가루, 달걀물 순으로 묻혀주세요.

3 중불로 달군 팬에 오일을 넉넉히 두르고 2 육전용 고기를 올려 앞뒤 모두 노릇하게 구워주세요.

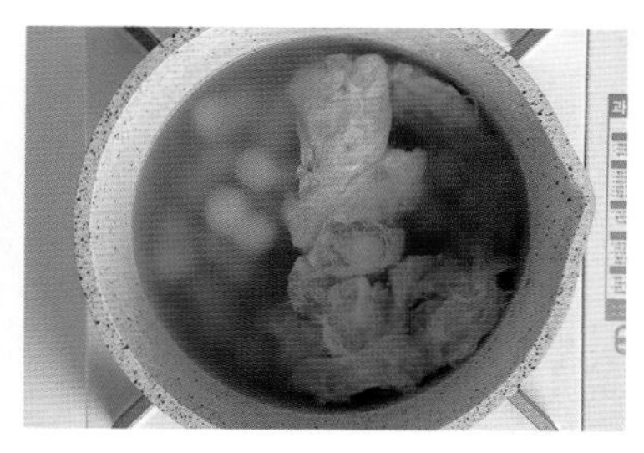

4 냄비에 육수를 붓고 끓으면 조랭이떡을 넣고 끓여주세요. 떡이 부드러워지면 달걀 1/2로 만든 달걀물을 동그랗게 붓고 다진 마늘과 국간장을 넣어주세요.

5 4 육수에 붓고 남은 달걀 절반은 지단으로 굽고 그릇에 끓인 떡국을 담은 뒤 달걀지단, 육전을 고명으로 올려주세요.

달걀누룽지탕

서윤이 유아식에서 달걀누룽지탕은 아침 메뉴 중에서도 최애 단골 메뉴랍니다.
구수하며 부드럽고 술술 잘 넘어가는 요리라 아침식사용으로 제격이에요!
야채를 넣어주기도 하고 새우를 넣어줘도 잘 먹는답니다.

재료

아이와 엄마가
1회씩 먹을 수 있는 양

채수	550ml
누룽지	40g
다진 대파	1큰술
새우젓	1꼬집
아기국간장	1/2작은술
달걀	1개

1 냄비에 육수를 붓고 누룽지를 넣어 강불에서 끓이다가 끓어오르면 중불로 줄여 누룽지가 퍼질 때까지 끓여주세요.

2 달걀 1개를 풀고 1 냄비에 동그랗게 부어준 다음 그대로 익혀주세요.

3 대파를 넣고 새우젓, 국간장을 넣어 간을 한 뒤 그릇에 담고 참기름, 부순 참깨를 올려주세요.

Tip!

* 어른식에는 새우젓을 더 추가해서 간을 맞춰 드세요.
* 물이 끓기 전부터 누룽지를 넣어주면 조금 더 빨리 퍼져서 좋아요.
* 달걀을 풀기 전에 새우를 추가해도 맛있어요.

들깨미역떡국

서윤이는 떡국을 정말 좋아해요.
입맛이 없어 밥을 먹지 않으려고 할 때도 "떡국 끓여줄까?" 하면 너무 좋아하고 또 잘 먹어요.
떡국 중에서도 들깨미역떡국은 최애 떡국이 아닐까 싶어요.
서윤맘도 정말 좋아하는 메뉴이니 넉넉하게 끓여 온 가족이 함께 드셔보세요.

재료

아이와 엄마가
1회씩 먹을 수 있는 양

떡국떡	110g
마른 미역	1큰술
소고기 다짐육	50g
표고버섯	15g
아기국간장	1작은술
다진 마늘	1작은술
참기름	1/2작은술
들깨가루	1큰술
달걀	1개
해물육수	550ml

레시피

1 소고기는 키친타월로 꾹꾹 눌러 핏기를 제거하고 표고버섯은 작게 깍둑썰기 해주세요. 다진 마늘과 참기름을 넣고 골고루 섞어 놓아주세요.

2 미역과 떡은 물에 담가 30분 정도 불려주세요.

3 약불로 달군 냄비에 1 소고기와 표고버섯을 넣고 볶아주세요.

4 소고기가 익으면 육수를 붓고 미역을 넣어 한소끔 끓여주세요.

5 미역이 충분히 부드러워지면 떡을 넣고 국간장을 넣어 간을 해준 다음, 떡이 부드럽게 익으면 불을 끄고 먹을 만큼 그릇에 덜어주세요. 들깨가루는 취향껏 넣어주세요.

Tip!

* 달걀 하나를 풀어서 약불로 달군 팬에 오일을 살짝 두른 뒤, 달걀물을 부어 지단을 만들어 얇게 썰어 올려주면 훨씬 맛있어요.
* 어른식에는 국간장과 액젓을 조금 더 추가하면 훨씬 맛있어요.

배즙간장비빔국수

달달한 배즙으로 만든 비빔국수예요.
볶은 고기나 달걀지단 등 여러 가지 고명이 올라가서
심심한 양념에도 맛있게 먹을 수 있어요.

재료

아이와 엄마가
1회씩 먹을 수 있는 양

돼지고기 (또는 소고기)	30g
애호박	35g
팽이버섯	15g
달걀	1개
소면	1.5인분

[고기 밑간]

아기간장	1/2작은술
맛술	1/2작은술
참기름	1/2작은술

[비빔 양념]

배즙	3큰술
아기간장	2/3큰술
올리고당	1/4큰술

Tip!

* 어른식에는 비빔 양념에 간장을 추가해 간을 맞춰 드세요.
* 배즙은 강판에 배를 갈고 고운체에 걸러 나온 것을 사용해주세요.

레시피

1 달걀 1개를 풀고 약불로 달군 팬에 오일을 약간 두른 다음 달걀물을 두르고 달걀지단을 만들어주세요.

2 달걀지단은 얇게 썰고 애호박은 채 썰어주세요. 팽이버섯은 밑동을 제거해 주세요.

3 중불로 달군 팬에 오일을 두르고 애호박을 넣어 볶은 다음 부드럽게 익으면 접시에 덜어두고, 팽이버섯을 올려 앞뒤로 구워주세요.

4 돼지고기 또는 소고기에 고기 밑간 양념을 더해 버무리고 20분 정도 재워둔 다음 중불로 달군 팬에 볶아주세요.

5 끓는 물에 소면을 삶고 찬물로 헹군 다음 물기를 제거하세요. 비빔 양념 재료를 모두 섞어 소면, 3 애호박, 4 볶음고기를 넣고 잘 버무려주세요. 국수를 잘 비벼서 그릇에 담고 달걀지단, 팽이버섯을 올려주세요.

초당옥수수여름파스타

여름이 제철인 초당옥수수로 더운 날 가볍게 먹을 수 있는 파스타예요.
은은하게 달달한 초당옥수수를 가득 넣어 아이들이 너무 잘 먹어요.

아이가 1회 먹을 수 있는 양

초당옥수수	1대
양파	25g
무염버터	10g
다진 마늘	1작은술
파스타면	40g
소금	1꼬집

1 초당옥수수는 칼로 썰어 알만 도려내고 양파는 잘게 다져주세요.
2 팬에 무염버터, 다진 마늘, 다진 양파를 넣고 약불에 올려 볶아주세요.
3 양파가 투명해지면 초당옥수수, 삶은 파스타면, 파스타면을 삶은 면수 1국자를 넣고 면수가 잘 섞일 수 있게 저어가며 볶아주세요. 소금으로 간을 해주세요.

* 완성된 파스타를 그릇에 옮겨 담고 고체 치즈를 그레이터에 갈아서 올려주면 훨씬 맛있어요. 간을 소금 대신 고체 치즈로 대체해주면 풍미가 훨씬 좋아요.

단호박리조토

달달한 단호박으로 끓여주면 무조건 잘 먹을 수밖에 없는 '완밥 메뉴'예요.
밥 대신 파스타면을 넣으면 단호박크림파스타가 된답니다.

재료

아이와 엄마가
1회씩 먹을 수 있는 양

찐 단호박	200g(손질 후)
양파	25g
당근	15g
우유	250ml
양송이버섯	15g
무염버터	5g
밥	100g

1 찐 단호박을 으깨고 우유와 잘 섞어주세요. 당근과 양파는 작게 다지고 양송이버섯은 슬라이스 해주세요.

2 약불로 달군 팬에 무염버터와 양파를 넣어 볶다가 양파가 투명해지면 당근을 넣고 볶아주세요.

3 1 우유와 섞은 단호박을 넣고 양송이버섯과 밥을 넣어 저어가며 끓여주세요. 그릇에 담고 아기치즈를 올려 전자레인지에서 30초간 돌려주세요.

Tip!

* 어른식에는 모차렐라치즈를 올려줘도 좋아요.

미트볼크림파스타

미트볼은 대량으로 만들어 냉동해두면 비상식량으로 으뜸이에요.
레시피처럼 파스타에 활용하거나 바로 구워줘도 훌륭한 반찬이 되고,
구운 다음 으깨어 볶음밥을 만들어도 맛있어요.
촉촉한 미트볼을 만들어서 다양한 요리에 활용해보세요.

아이와 엄마가
여러 번 먹을 수 있는 양

[미트볼]

소고기 다짐육	100g
돼지고기 다짐육	100g
당근	60g
양파	80g
달걀	1개
우유	2큰술
빵가루	4큰술
파마산치즈가루	2큰술

미트볼 레시피

1 당근과 양파를 작게 다져준 다음 중불로 달군 마른 팬에서 수분을 날려가며 볶고 그릇에 덜어 식혀주세요.

2 미트볼의 모든 재료를 넣고 잘 섞어서 반죽을 만들고 잘 치대어주세요.

3 조금씩 떼어내 동글동글 굴려주세요.

아이와 엄마가
1회씩 먹을 수 있는 양

[크림 파스타]

양파	20g
마늘	1쪽
양송이버섯	20g
채수	100ml
생크림	1개
아기치즈	1장
미트볼	30g
파스타면	2인분
올리브오일	1큰술
소금	1꼬집

크림 파스타 레시피

1 양파는 잘게 다지고 마늘은 얇게 썰어주세요.

2 파스타면은 정해진 시간보다 1분 정도 더 끓여서 익혀주세요.

3 중불로 달군 팬에 올리브오일을 조금 두르고 미트볼을 넣어 굴려가며 익혀 준 다음 그릇에 덜어두세요.

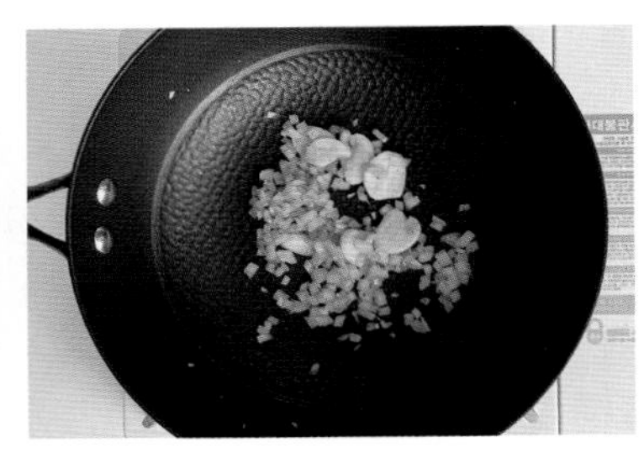

4 사용한 팬 그대로 올리브오일을 조금 더 두르고 양파, 마늘을 넣어서 볶아주세요.

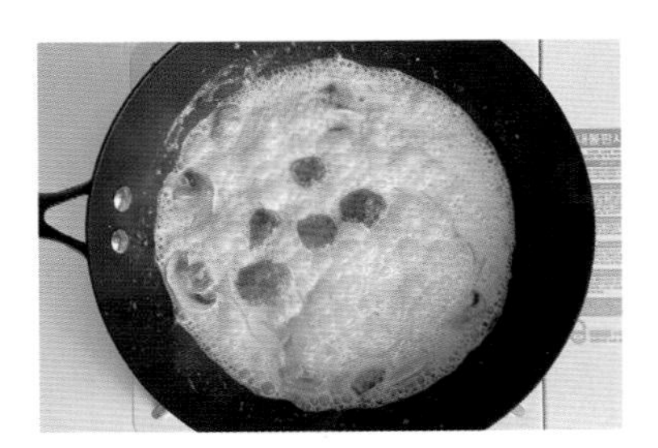

5 양파가 투명해지면 채수와 생크림을 넣어서 끓이고, 끓어오르면 버섯과 삶은 면, 3 미트볼, 아기치즈를 넣고 저어가며 한소끔 더 끓여주세요.

Tip!

* 어른식에는 소금을 더 넣어 간을 맞추고 치킨스톡도 함께 넣으면 맛있게 드실 수 있어요.
* 미트볼 반죽이 질어서 모양내기 힘들 경우에는 빵가루를 더 추가해주세요. 반죽이 질어 구울 땐 조금 힘들어도 아이가 먹기엔 조금 더 촉촉하고 부드러워요.
* 미트볼을 보관할 땐 모양낸 그대로 냉동고에 넣어 얼린 다음 잠시 꺼내 먹을 양만큼만 소분 또는 랩핑해서 밀폐 용기에 담아 두면 돼요. 먹기 직전에 꺼내 해동하지 않고 180°C 오븐에서 12분 동안 굽거나 오일을 두른 팬에 약불로 노릇하게 구워주세요.

감자크림떡볶이

감자와 치즈는 찰떡궁합이에요. 두 가지 식재료로 다양한 음식을 만들 수 있지만
그중 으뜸은 감자크림떡볶이가 아닌가 싶을 만큼 맛있어요.

재료

아이와 엄마가
1회씩 먹을 수 있는 양

소고기 다짐육	50g
다진 감자	50g
다진 양파	20g
무염버터	5g
떡	150g
우유	200ml
아기치즈	1장
다진 마늘	1작은술

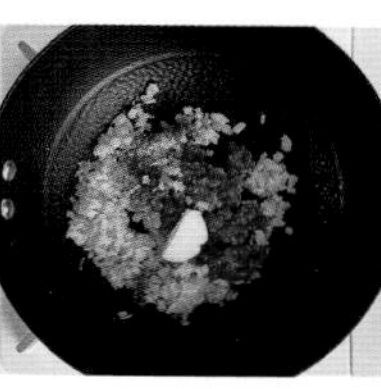
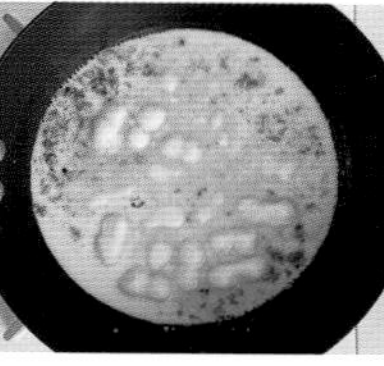

레시피

1 약불로 달군 팬에 오일을 두르고 다진 양파와 다진 마늘을 넣고 볶아주세요.
2 양파가 투명해지면 다진 감자, 소고기, 무염버터를 넣고 볶아주세요.
3 소고기가 익으면 우유를 붓고 떡을 넣어 약불에서 끓여주세요.
4 아기치즈를 넣고 저어가며 한소끔 더 끓여주세요.

Tip!

* 간은 소금으로 맞춰주세요.

치킨커틀릿크림파스타

아이들이 먹기에 퍽퍽하거나 질기지 않아서 좋은 닭 안심 튀김이에요.
치킨커틀릿만 튀겨 반찬으로 내어주어도 좋고요.
크림파스타소스에 촉촉하게 적셔 먹으면 훨씬 더 잘 먹어요!

아이와 엄마가
1회씩 먹을 수 있는 양

[치킨커틀릿]

닭 안심	6덩이(145g)
달걀	1개
밀가루	1/2컵
빵가루	4큰술
우유	200ml

치킨커틀릿 레시피

1 닭 안심은 우유에 30분 정도 재워두었다가 흐르는 물에 헹궈주고 물기를 제거해주세요.

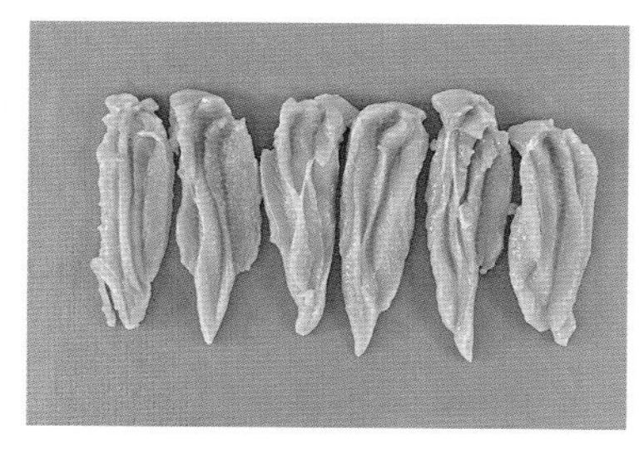

2 힘줄을 제거해준 뒤 세로로 2/3 깊이로 칼집을 내고 양옆으로 칼집을 한 번씩 더 내서 닭고기를 넓게 펼쳐주세요.

3 밀가루, 달걀물, 빵가루 순으로 골고루 묻혀주세요.

4 170℃로 예열된 기름에 고기를 넣고 앞뒤 모두 노릇하게 튀겨주세요.

아이와 엄마가
1회씩 먹을 수 있는 양

[크림파스타]

다진 양파	2큰술
다진 마늘	1작은술
브로콜리	10g
양송이버섯	1개
우유	180ml
아기치즈	1장
파스타면	2인분

파스타

1 마늘과 양송이버섯은 슬라이스로 썰고 양파는 채 썰어주세요. 브로콜리는 먹기 좋은 크기로 썰어주세요.

2 약불로 달군 팬에 올리브오일을 두르고 양파와 마늘을 넣고 볶아주세요.

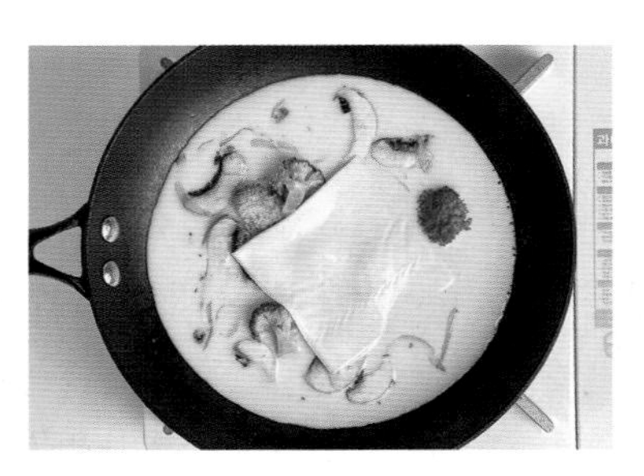

3 브로콜리와 양송이버섯을 넣고 볶다가 우유를 붓고 끓어오르면 아기치즈도 넣고 잘 저어주세요.

4 삶은 파스타면을 넣고 조금 더 끓여주세요.

Tip!

* 당장 먹을 것만 튀기고, 남은 닭고기는 하나씩 소분해 밀폐 용기에 담아 냉동고에 얼려놓으세요. 나중에 먹을 땐 해동 없이 기름에 튀기거나 에어프라이어에 돌려주면 좋아요.

가지밥자냐

라구소스를 응용한 라자냐 레시피예요.
엄마 아빠가 먹어도 너무 맛있는 가지밥자냐는 라자냐면을 밥으로 대신해 부담 없이 먹을 수 있는 메뉴랍니다.
가지를 편식하는 서윤이도 굉장히 잘 먹는 요리예요!

재료

아이와 엄마가
1회씩 먹을 수 있는 양

밥	80g
가지	60g
라구소스	120g
아기치즈	1장

레시피

1 오븐전용 용기에 밥을 먼저 얇게 깔아주세요.
2 1 위로 가지, 라구소스, 아기치즈, 가지, 라구소스, 아기치즈 순으로 차곡차곡 올려주고 180℃ 오븐에서 12분 동안 구워주세요.

Tip!
* 가지는 애호박으로도 대체 가능해요.
* 라구소스의 레시피는 53쪽을 참조하세요.
* 2 과정에서 제일 위에 올리는 아기치즈는 모차렐라치즈로도 대체가능해요!

누룽지크림리조토

원래도 구수한 누룽지를 우유에 넣고 푹 끓여내면 구수함이 세 배가 돼요.
부드럽게 잘 넘어가는 리조토라 아침 메뉴로도 추천합니다.

재료

아이와 엄마가
1회씩 먹을 수 있는 양

누룽지	35g
양파	30g
양송이버섯	15g
소고기 다짐육	40g
다진 마늘	1작은술
우유	250ml
아기치즈	1장

레시피

1 소고기는 키친타월에 올려 꾹 눌러서 핏물을 제거하고 양파는 작게 다지고 양송이버섯은 슬라이스로 썰어주세요.

2 약불로 달군 팬에 오일을 두르고 다진 마늘과 다진 양파를 넣어 볶아주세요.

3 양파가 투명해지면 소고기를 넣고 볶아주세요.

4 소고기가 익으면 우유와 누룽지를 함께 넣고 약불로 줄여 끓여주세요.

5 누룽지가 부드럽게 익으면 치즈를 넣고 잘 저어주세요.

Tip!

* 누룽지가 부드럽게 익기 전에 우유가 졸아들면 우유를 조금씩 추가해가며 끓여주세요.
* 어른식으로는 소금 간을 추가해주세요.

아기궁중떡볶이

달짝지근한 양념의 궁중떡볶이를 싫어하는 아이들이 있을까 싶어요.
밥 대신 간식으로도 너무 좋고 한 끼 식사로도 손색없어요.
저는 별다른 간을 하지 않고 서윤이랑 함께 먹어도 맛있더라고요.
꼭 한 번 만들어서 아이와 함께 드셔보세요.

재료

아이와 엄마가
1회씩 먹을 수 있는 양

소고기(불고기용)	50g
쌀떡	65g
양파	20g
당근	15g
파프리카	15g
버섯	15g
채수	200ml
참기름	1/2작은술
다진 마늘	1/2작은술

[고기 밑간]

아기간장	1큰술
맛술	1/2큰술
아가베시럽	1/2큰술

Tip!

* 어른식에는 간장이나 굴소스를 추가해 먹으면 맛있어요.
* 일반적으로 판매하는 불고기용 고기는 조금 두껍거나 질길 수 있어요. 정육점에 가서 불고기용 소고기로 '얇-게' 썰어달라고 요청해 구매하면 좋아요!

레시피

1 채소는 얇게 채 썰어주세요.

2 소고기는 고기 밑간 양념을 넣고 버무려 20분 정도 재우고 떡은 물에 넣고 불려주세요.

3 중불로 달군 팬에 오일을 두르고 다진 마늘과 양파를 넣고 볶아주세요.

4 양파가 투명해지면 당근을 넣고 조금 더 볶아주세요.

5 고기, 버섯, 파프리카를 넣고 익혀주세요.

6 고기가 익으면 채수를 붓고 떡이 부드러워질 때까지 익혀주다가 불을 끄고 참기름을 둘러주세요.

게맛살크림떡볶이

게맛살크림떡볶이는 아이들 간식으로도 반찬으로도 좋아요.
아이뿐만 아니라 치킨스톡을 넣으면 저도 너무 맛있게 먹는 레시피랍니다.
크림소스가 듬뿍 묻은 브로콜리는 맛이 풍부하고 좋으니 한번 만들어보세요.

재료

아이와 엄마가
1회씩 먹을 수 있는 양

쌀떡	100g
게맛살	70g
양파	20g
양송이버섯	30g
브로콜리	10g
마늘	3쪽
우유	200ml
아기치즈	1장
소금	1꼬집

레시피

1 브로콜리와 양파는 작게, 양송이버섯과 마늘은 얇게, 마늘은 편으로 썰어주세요.

2 중불로 달군 팬에 올리브오일을 두르고 편 마늘, 게맛살을 통으로 넣고 노릇하게 익으면 주걱으로 숙숙 찢어주세요.

3 양파를 넣어 조금 더 볶다가 브로콜리와 양송이버섯, 우유와 떡을 넣고 끓여주세요.

4 떡이 부드럽게 익으면 소금을 넣어 간을 하고 아기치즈를 넣어 조금 더 졸여주세요.

Tip!

* 어른식에는 치킨스톡을 추가하면 더욱 맛있어요.

가지키마카레

'키마'는 다진 고기라는 뜻의 인도어예요.
다진 고기와 채소를 넣어 만든 키마카레.
카레가 완성되기 직전 따로 구워둔 가지를 듬뿍 넣고 졸여주면 가지가 그렇게 맛있을 수가 없어요.
서윤맘도 서윤이도 가지를 좋아하지 않는 편인데 키마카레를 만들어 먹으면 밥 한 공기 뚝딱이랍니다.

재료

아이와 엄마가
1회씩 먹을 수 있는 양

소고기 다짐육	60g
가지	1개(100g)
양파	40g
당근	20g
카레가루	2큰술
물	200ml

1 가지는 1cm 두께로 썰고 2등분해주세요. 양파와 당근은 작게 다져주고 고기는 키친타월로 꾹꾹 눌러 핏물을 제거해주세요.

2 중불로 달군 팬에 오일을 두르고 가지를 넣어 앞뒤 모두 노릇하게 구운 다음 접시에 덜어두세요.

3 중불로 달군 팬에 오일을 살짝 두르고 소고기를 넣어 수분이 날아갈 정도로 볶다가 당근과 양파를 넣고 볶아주세요.

4 물과 카레를 넣고 끓어오르면 2 가지를 넣고 저어가며 졸여주세요.

Tip!

* 가지는 볶지 않고 앞뒤 노릇하게 구워주는 게 포인트예요. 그러니 가지는 다지지 말고 두툼하게 썰고 먹기 직전에 가위로 작게 잘라주는 게 좋아요.
* 소고기 다짐육은 돼지고기로도 대체 가능해요.

게맛살달걀말이밥

아이들이 좋아하는 달걀말이에 밥을 넣어 말아주니
한 가지 메뉴로도 든든한 한 끼가 될 수 있어요.
게맛살을 대체할 수 있는 메뉴들은 무한이에요.
돼지고기, 새우, 소고기 등 다른 식재료로 바꿔서도 만들어보세요.

아이와 엄마가
1회씩 먹을 수 있는 양

게맛살	40g
애호박	30g
양파	30g
대파	10g
달걀	2개
참기름	1작은술
밥	100g

1 대파, 애호박, 양파는 잘게 다져주고 게맛살은 먹기 좋게 찢어주세요.

2 중불로 달군 팬에 오일을 두르고 대파를 먼저 넣어 볶다가 애호박, 양파를 넣고 볶아주세요.

3 양파가 익으면 게맛살을 넣어 살짝만 더 볶아주세요.

4 밥에 볶은 게맛살과 참기름을 넣어 비벼주고 두 번에 나눠 종이 포일에 얹어서 모양을 내주세요.

5 달걀을 풀어서 소금으로 간을 해주고 약불로 달군 팬에 부어준 뒤 잘 볶은 밥을 얹어서 예쁘게 말아주세요.

Tip!

* 게맛살은 조리 전에 뜨거운 물을 끼얹어주면 염도를 낮출 수 있어요.
* 달걀의 흰자와 노른자는 나눠서 섞어주고 분리해서 말아주면 모양이 더 예뻐요.
* 어른식에는 달걀에 소금으로 간을 맞춰주세요.

김파스타

김과 파스타, 두 가지만 있으면 당장이라도 만들 수 있는 메뉴랍니다.
심지어 어른 입맛에도 아주 잘 맞아서 엄마 아빠들도 좋아한다는 후기가 많았던 레시피예요.

재료

아이와 엄마가
1회씩 먹을 수 있는 양

파스타면	1.5인분
무조미 김	2장
다진 마늘	1큰술
부순 참깨	1큰술
소금	약간(면수용)

[양념]

물	3큰술
아기간장	1큰술
아가베시럽	1큰술
맛술	1/2큰술
굴소스	1/2큰술

Tip!

* 어른식 양념: 간장 2큰술, 아가베시럽 또는 설탕 1/2큰술, 맛술 1큰술, 굴소스 1/2작은술

레시피

1 양념 재료를 모두 넣어 섞고 양념장을 만들어주세요.

2 무조미 김은 마른 팬에 올려 구운 다음 작게 부셔주세요.

3 약불로 달군 팬에 올리브오일을 두르고 다진 마늘을 넣어 볶아주세요.

4 마늘 향이 올라오면 1 양념장을 넣고 40초 정도 끓여주세요.

5 삶은 면과 면수 3큰술을 넣고 면에 양념이 잘 스며들도록 저어주세요.

6 그릇에 면과 소스를 담고 2 부순 김과 부순 참깨를 올려주세요.

단호박치즈그라탕

닭고기와 단호박은 함께 먹으면 궁합이 좋은 식재료들이에요.
단호박이 제철인 7~8월에 구입해 만들면
당도가 높아 훨씬 더 맛있게 먹을 수가 있어요.

재료

아이와 엄마가
1회씩 먹을 수 있는 양

손질 단호박	150g
닭고기 다짐육	50g
양배추	40g
양파	30g
옥수수콘	2큰술
우유	200ml
아기치즈	2장
밥	100g
소금	1~2꼬집

Tip!

* 어른식에는 닭고기 대신 햄이나 베이컨을 넣어도 좋아요.
* 아기치즈는 모차렐라치즈로 대체해줘도 좋아요.

레시피

1 양배추와 양파는 작게 다지고 다진 양배추는 찬물에 10분 정도 담가두었다가 물기를 제거해주세요. 닭고기 다짐육은 키친타월로 살짝 눌러 핏물을 제거해주세요.

2 단호박은 껍질과 씨를 제거하고 찜기에서 푹 찐 다음 우유랑 함께 넣고 곱게 갈아주세요.

3 약불로 달군 팬에 오일을 두르고 양파를 먼저 넣어 볶아주세요.

4 양파가 투명하게 익으면 닭고기와 양배추를 넣고 소금으로 간을 하고 볶아주세요.

5 닭고기와 양배추가 익으면 2 단호박 퓌레를 넣고 옥수수콘을 넣어 약불에서 저어가며 끓이다가 밥을 넣고 조금 더 끓여주세요.

6 오븐용기에 담고 치즈를 올려 180℃ 오븐에서 10분 정도 가열해주세요.

당근볶음우동

당근 속의 베타카로틴을 보다 많이 섭취하려면 기름에 볶아먹는 것이 좋아요.
날로 먹는 것보다 기름으로 조리한 당근에서 베타카로틴이 2배 이상 나온다고 합니다.
베타카로틴이란 신체의 저항력을 강화하는 비타민 A의 전구체입니다.
즉 체내로 들어가면서 비타민 A로 변하는 좋은 성분이죠!

재료

아이와 엄마가
1회씩 먹을 수 있는 양

당근	40g
새우	40g
마늘	2쪽
우동사리	1.5인분
소금	2꼬집

[양념]

물	3큰술
아기간장	1큰술
맛술	1/2큰술
아가베시럽	1/2큰술
굴소스	1/3작은술

레시피

1 당근은 얇게 채 썰고 새우는 내장을 손질한 후 먹기 좋은 크기로 썰어주세요. 마늘은 슬라이스 해주세요.

2 양념 재료를 모두 섞어 양념장을 만들고 1 당근은 소금을 넣고 잘 버무려주세요.

3 우동사리는 끓는 물에 넣어 익을 때까지 삶고 찬물로 한두 번 헹군 뒤 물기를 제거해주세요.

4 약불로 달군 팬에 오일을 두르고 마늘을 넣어 볶다가 마늘 향이 올라올 때 2 당근을 넣어 볶아주세요.

5 당근이 반 정도 익으면 새우를 넣고 볶다가 새우가 익으면 3 우동사리와 2 양념장을 넣고 면에 잘 밸 수 있도록 볶아주세요.

Tip!

* 어른식에는 고체 치즈를 갈아서 올려 먹으면 훨씬 맛있어요.
* 5 과정에서 양념장은 한 번에 다 넣지 말고 조절하며 넣어주세요.

두부면오일파스타

고단백 두부면으로 만든 한 끼 가볍게 먹기 좋은 레시피예요.
밀가루가 부담스러울 때 먹기 좋아요.

재료

아이와 엄마가
1회씩 먹을 수 있는 양

두부면	200g
새우	4~5마리
방울토마토	4개
마늘	1쪽
다진 마늘	1큰술
올리브오일	3큰술
치킨스톡	1/2 작은술
물	3큰술
소금, 후추	약간(생략 가능)

Tip!

* 어른식에는 허브솔트를 뿌려서 간을 더해 드세요.
* 두부면 대신 파스타면으로 조리 시 물 3큰술을 면수로 바꿔주세요.
* 두부면을 고를 땐 넓은 면보다는 얇은 면으로 구매하세요.

레시피

1 두부면은 흐르는 물에 여러 번 헹군 뒤 체에 밭쳐 물기를 제거해주세요.

2 마늘은 얇게 썰어주고 방울토마토는 2등분, 애호박은 먹기 좋은 크기로 썰어주세요.

3 약불로 달군 팬에 올리브오일을 두르고 다진 마늘과 편마늘을 넣어 볶아주세요.

4 마늘 향이 올라오면 새우와 애호박을 넣고 소금, 후추를 약간 넣어 볶아주세요.

5 새우가 익으면 두부면, 방울토마토, 치킨스톡, 물 3큰술을 넣고 소스가 골고루 배도록 섞어주세요.

불고기치즈파스타

간단하게 불고기 맛을 낼 수 있어 좋아하는 메뉴예요.
양념에 밴 소고기가 바싹 볶아지면 아이들도 좋아할 맛이에요.

재료

아이와 엄마가
1회씩 먹을 수 있는 양

불고기용 소고기	60g
올리브오일	1큰술
다진 마늘	1작은술
다진 대파	1/2큰술
파스타면	1.5인분
면수	120ml
아기간장	1/2큰술
맛술	1작은술
아가베시럽	1/2큰술
슈레드치즈	1/2큰술

Tip!

* 어른식에는 치킨스톡을 추가해줘도 좋아요.
* 슈레드치즈는 아기치즈로 대체 가능해요.

레시피

1 냄비에 물이 끓으면 소금 1꼬집을 넣고 파스타면을 넣어 부드러워질 때까지 끓여주세요.

2 약불로 달군 팬에 올리브오일을 두르고 다진 대파와 다진 마늘을 넣고 볶아주세요.

3 소고기를 넣은 뒤 아기간장, 맛술, 아가베시럽을 넣고 볶아주세요.

4 1 삶은 면과 면수를 넣고 면수가 자작하게 졸아들 때까지 볶아주세요.

5 그릇에 담고 슈레드치즈를 올려 전자레인지에 20초간 돌려주세요.

새우달걀국수

아이랑 외출했다가 집에 돌아와보니 애는 배고프다는데 밥솥에 밥이 없는 거예요.
빠르게 만들 수 있는 메뉴를 찾다가 냉동실에 항상 채워두던
새우를 꺼내 해동하고 10분 만에 만든 메뉴랍니다.
너무 잘 먹어서 그 후로 서윤이네 단골 메뉴로 등극했답니다!

🍴

아이와 엄마가
1회씩 먹을 수 있는 양

새우	60g
달걀	1개
애호박	30g
소면	1.5인분
해물육수	120ml
아기국간장	1큰술
쯔유	1/2작은술

1 달걀 1개를 풀어주고 새우는 내장을 손질해 먹기 좋은 크기로 썰어주세요. 애호박은 채 썰어주세요.

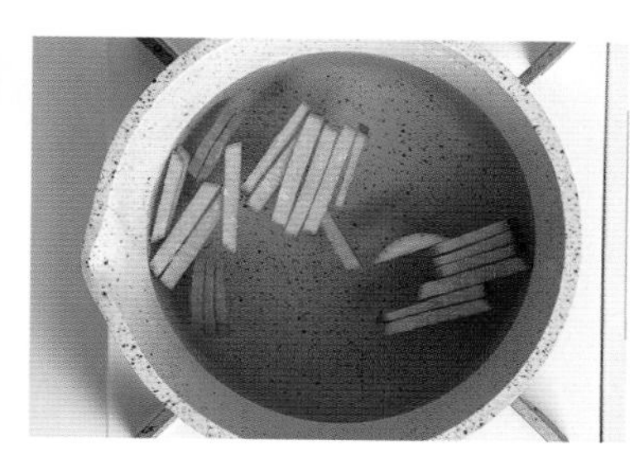

2 냄비에 육수가 끓으면 애호박을 넣고 끓여주세요.

3 애호박이 반 정도 익으면 새우와 소면을 넣고 삶아주세요.

4 국수가 부드럽게 익으면 달걀물을 동그랗게 붓고 국간장과 쯔유를 넣어주세요.

Tip!

* 어른식에는 쯔유를 추가해 간을 맞춰 드시면 좋아요.

새우완두콩리조토

새우와 완두콩은 궁합이 좋기로 유명해요.
콜레스테롤이 상대적으로 많은 새우를 완두콩이 중화시켜주는 역할을 한답니다.

재료

아이와 엄마가
1회씩 먹을 수 있는 양

완두콩	20g
새우	60g
양파	30g
밥	100g
우유	200ml
아기치즈	1장
소금	1~2꼬집

1 새우는 내장을 손질한 다음 작게 썰어주세요. 완두콩은 물에 담가 10분 정도 불린 다음 겉껍질을 제거해주세요. 양파는 작게 다져주세요.

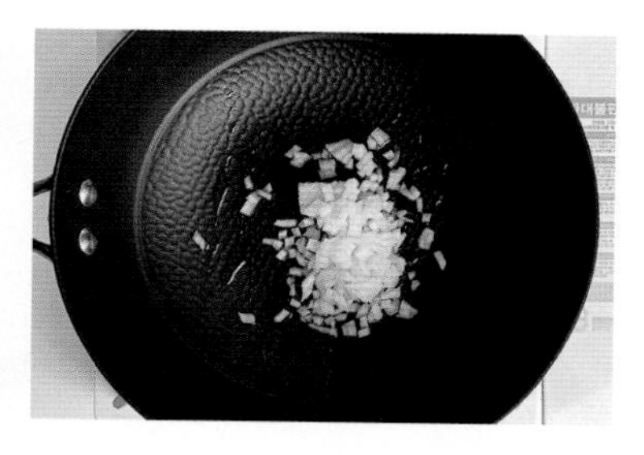

2 약불로 달군 팬에 오일을 두르고 다진 양파와 다진 마늘을 넣고 볶아주세요.

3 양파가 익으면 새우를 넣고 볶아주세요.

4 새우가 익으면 우유를 붓고 완두콩과 밥을 넣어 저어가며 끓여주세요.

5 아기치즈를 넣고 소금을 넣어 간을 한 다음 잘 섞어주세요.

* 어른식에는 소금이나 치킨스톡을 추가하면 더욱 맛있어요.

세발나물아기잡채

제가 정말 좋아하는 요리! 어른이 먹어도 너무 맛있는 잡채 레시피예요.
넉넉하게 만들어서 온 가족 함께 맛있게 드셔보세요.
아이에게 줄 잡채는 먹기 직전에 채소, 당면, 고기를 가위로 잘게 잘라
덮밥으로 줘도 잘 먹을 거예요.

재료

아이와 엄마가
1회씩 먹을 수 있는 양

당면	50g
돼지고기(등심)	120g
양파	80g
세발나물	10g
당근	30g
느타리버섯	40g
참기름	1/2큰술
통깨	1큰술

[양념]

아기간장	3큰술
아가베시럽	2큰술
올리브유	1큰술

[고기 밑간]

아기간장	1작은술
맛술	1작은술
후추	1/2꼬집

Tip!

* 돼지고기를 볶을 땐 수분을 날려가며 볶아줘야 잡내가 나지 않아요.
* 어른식에는 진간장을 추가해서 간을 맞춰 드세요.
* 돼지고기는 소고기로 대체 가능해요.

레시피

1 당면은 물에 30분 이상 불려주고 끓는 물에 넣어 3~4분간 삶아준 다음 찬물에 헹궈 물기를 제거해주세요.

2 느타리버섯은 얇게 찢어주고 당근, 양파, 세발나물은 먹기 좋은 크기로 썰어주세요.

3 돼지고기는 고기 밑간을 해서 20분간 재워두어요.

4 중불로 달군 팬에 오일을 조금 두르고 양파, 느타리버섯, 당근, 돼지고기를 각각 볶아서 접시에 덜어낸 뒤 식혀주세요.

5 마른 팬에 양념을 부어 바글바글 끓으면 당면을 넣고 저어가며 양념이 고루 밸 수 있게 섞어주세요.

6 볶아둔 야채, 돼지고기, 세발나물을 넣고 한 번 더 볶아주세요. 마지막으로 참기름을 둘러주고 통깨도 뿌려주세요.

시금치포크꼬마김밥

일반 김밥을 만들려면 여러 가지 속 재료를 준비해야 되고 번거로워서 잘 안 하게 되더라고요.
그런데 시금치랑 돼지고기만 있으면 재료 준비 끝! 빠르게 만들 수 있으니 편하고 또 맛있어요.
시금치와 돼지고기의 궁합도 찰떡이니 한번 만들어보세요!

재료

아이와 엄마가
1회씩 먹을 수 있는 양

돼지고기 다짐육	70g
시금치	50g
대파	25g
다진 마늘	1/2큰술
김밥 김	2장
참기름	1작은술
통깨	1작은술
밥	100g

[고기 밑간]

아기간장	1작은술
아가베시럽	1작은술
맛술	1/2작은술

Tip!

* 시금치 속에는 신장염을 유발할 수 있는 수산이 함유돼 있어요. 조리 전에 끓는 물에 데치면 수산을 제거할 수 있답니다.

레시피

1 대파는 작게 다져주세요.

2 돼지고기는 고기 밑간 양념을 해주고 20분 정도 재워두세요.

3 끓는 물에 시금치를 넣어 30초 정도 데친 다음 찬물에 헹구고 물기를 꾹 짜서 먹기 좋은 크기로 썰어주세요. 2 밑간한 돼지고기는 중불로 달군 팬에 수분을 날려가며 볶아주세요.

4 한 김 식힌 밥에 참기름과 통깨를 넣고 비벼주세요.

5 김 위에 밥을 얇게 펴고 속 재료를 넣어 잘 말아주세요.

우엉조림주먹밥

우엉조림을 반찬으로 먹기 힘들어하는 아이들은
이 레시피대로 주먹밥에 넣어 만들어주면 훨씬 잘 먹을 수 있을 거예요.
또 식재료 궁합이 좋기로 소문난 우엉과 돼지고기!
알카리성인 우엉은 산성식품인 돼지고기를 중화시키고
우엉 특유의 향으로 돼지고기의 누린내도 제거해줘요.

재료

아이와 엄마가
1회씩 먹을 수 있는 양

우엉조림	2큰술
돼지고기 다짐육	20g
밥	100g
참기름	1/2작은술
부순 참깨	1작은술
김밥김	1/2장

[고기 밑간]

소금	1꼬집
후추	1꼬집

레시피

1 돼지고기는 고기 밑간 양념해 15분 정도 재워주세요.

2 달군 팬에 오일을 조금 두르고 1 돼지고기를 넣어 볶아주세요.

3 볼에 모든 재료를 담고 골고루 섞고 주먹밥 틀에 넣거나 랩에 감싸 원하는 모양으로 만들어준 다음 김을 잘라 붙여주세요.

Tip!

* 어른식에는 3 과정에서 비빔간장을 추가해주세요.
* 우엉조림의 레시피는 222쪽을 참조하세요.

INDEX

색인

ㄱ

ㄴ

ㄷ

ㅁ

ㅂ

ㅅ

KI신서 11665

서윤맘의 밥태기 없는 아이주도 유아식

1판 1쇄 발행 2024년 1월 17일
1판 4쇄 발행 2024년 5월 2일

지은이 서윤맘(정윤지)
펴낸이 김영곤
펴낸곳 (주)북이십일 21세기북스

인문기획팀장 양으녕 책임편집 이지연 노재은
디자인 엘리펀트스위밍
출판마케팅영업본부장 한충희
출판영업팀 최명열 김다운 김도연 권채영
마케팅2팀 나은경 정유진 백다희 이민재
제작팀 이영민 권경민

출판등록 2000년 5월 6일 제406-2003-061호
주소 (10881) 경기도 파주시 회동길 201(문발동)
대표전화 031-955-2100 팩스 031-955-2151 이메일 book21@book21.co.kr

(주)북이십일 경계를 허무는 콘텐츠 리더

21세기북스 채널에서 도서 정보와 다양한 영상자료, 이벤트를 만나세요!
페이스북 facebook.com/jiinpill21 포스트 post.naver.com/21c_editors
인스타그램 instagram.com/jiinpill21 홈페이지 www.book21.com
유튜브 www.youtube.com/book21pub

당신의 일상을 빛내줄 탐나는 탐구 생활 <탐탐>
21세기북스 채널에서 취미생활자들을 위한 유익한 정보를 만나보세요!

ISBN 979-11-7117-353-2 13590